FORSCHUNGSBERICHTE DES LANDES NORDRHEIN-WESTFALEN

Nr. 1147

Herausgegeben
im Auftrage des Ministerpräsidenten Dr. Franz Meyers
von Staatssekretär Professor Dr. h. c. Dr. E. h. Leo Brandt

DK 672.7:691.4

Prof. Dr.-Ing. Dr. h. c. Herwart Opitz
Dr.-Ing. Paul Brammertz
Dipl.-Ing. Karl Friedrich Meyer
Laboratorium für Werkzeugmaschinen und Betriebslehre der
Technischen Hochschule Aachen

Untersuchungen an keramischen Schneidstoffen

WESTDEUTSCHER VERLAG · KÖLN UND OPLADEN 1963

ISBN 978-3-663-06494-7   ISBN 978-3-663-07407-6 (eBook)
DOI 10.1007/978-3-663-07407-6

Verlags-Nr. 011147

© 1963 Westdeutscher Verlag, Köln und Opladen

Gesamtherstellung: Westdeutscher Verlag

Inhalt

1. Einführung 6
2. Zusammensetzung und Eigenschaften der Schneidkeramik 7
3. Die Ausbildung der Werkzeuge 10
4. Schneideigenschaften der keramischen Werkzeuge 12
   4.1 Standzeituntersuchungen beim Drehen 12
   4.2 Untersuchungen beim Fräsen 18
   4.3 Feindrehen mit Schneidkeramik 20
5. Gefügeuntersuchungen an keramischen Schneidplatten 24
6. Rißbildung in der Kontaktzone keramischer Werkzeuge 26
7. Temperaturmessungen 28
8. Wirtschaftlichkeitsrechnung 30
9. Zusammenfassung 34

Literaturverzeichnis 36

1. Einführung

Die Entwicklung auf dem Gebiet der Schneidstoffe wird durch das Streben nach geringeren Fertigungskosten und kürzeren Fertigungszeiten bestimmt. Das heißt, man versucht Schneidstoffe zu schaffen, die für eine Anwendung bei hohen Schnittgeschwindigkeiten und mittleren Spanquerschnitten geeignet sind. Die Forderung nach einer hohen Verschleißfestigkeit und Warmhärte wird durch die keramischen Schneidstoffe weitgehend erfüllt. Ihre Entwicklung ist in den letzten Jahren soweit fortgeschritten, daß sie über das erste Versuchsstadium hinaus schon Eingang in die Praxis gefunden haben. Da durch den Einsatz der Schneidkeramik auch an die Konstruktion moderner Werkzeugmaschinen erhöhte Anforderungen hinsichtlich Drehzahlbereich, installierter Leistung und Starrheit gestellt werden, ist die genaue Kenntnis der Leistungsfähigkeit dieser Schneidstoffe von großer Bedeutung.

2. Zusammensetzung und Eigenschaften der Schneidkeramik

Gegenüber den herkömmlichen Schneidstoffen besitzt die Keramik eine vollkommen andere Zusammensetzung. In Tab. 1 sind die wichtigsten Bestandteile der verschiedenen Werkzeugbaustoffe aufgeführt. An die Stelle der Schwermetallkarbide tritt bei der Schneidkeramik ein oxydischer Hartstoff, meist Aluminiumoxyd Al_2O_3, während der metallische Binder fast ganz verschwindet. Die rein oxydischen Keramiksorten bestehen nahezu vollständig aus gesintertem Aluminiumoxyd. Der besondere Vorteil der Sinteroxyde ist ihre Reaktionsträgheit gegenüber Eisen [11; 22] und ihre hohe Warmfestigkeit, nachteilig wirkt sich dagegen ihre gegenüber den anderen Schneidstoffen relativ geringe Zähigkeit aus. In den letzten Jahren sind in stärkerem Umfang Keramiksorten entwickelt worden, die neben den oxydischen Bestandteilen auch *größere* Anteile von Schwermetallkarbiden enthalten. Auf diese Weise konnte die Zähigkeit der Keramik verbessert werden, ohne die Verschleißfestigkeit wesentlich zu beeinträchtigen.

Das spezifische Gewicht (Tab. 2) dieser Keramiksorten liegt gegenüber den rein oxydischen Schneidplatten etwas höher und kann bis 6,9 g/cm³ betragen. Die beiden Gruppen lassen sich meist schon durch ihre Farbe unterscheiden. Die rein oxydischen Platten sind weiß, hellgrau, rot oder blau, während die Platten mit karbidischen Zusätzen eine dunkelgraue bis schwarze Färbung besitzen.

Tab. 1 Wichtige Bestandteile verschiedener Schneidstoffe [2; 7; 8; 10; 22]
(Gewichtanteil in %)

Bestandteil Schneidstoff	C	Cr	Mo	V	W	Ti	Ta	Fe	Co	Al_2O_3
Schnellarbeitsstahl	0,75 ÷ 1,5	3,5 ÷ 4,5	0 ÷ 9	1 ÷ 5	2 ÷ 20	–	–	60 ÷ 85	0 ÷ 15	–
handelsübliche Hartmetalle	4 ÷ 10	–	–	–	30 ÷ 90	0 ÷ 34	0 ÷ 10	–	5 ÷ 30	–
Schneidkeramik	0,1 ÷ 3,0	–	0 ÷ 15	–	0 ÷ 50	0 ÷ 10	–	–	–	45 ÷ 99,7
Diamant	100	–	–	–	–	–	–	–	–	–

Für die Anwendung eines Schneidstoffes sind seine physikalischen Eigenschaften von Bedeutung. Sie lassen schon eine gewisse Aussage darüber zu, in welchem Umfang der Schneidstoff die bei der Bearbeitung auftretenden mechanischen, thermischen und Verschleißbeanspruchungen aufnehmen kann. Die Tab. 2 gibt eine Übersicht über die wichtigsten Eigenschaften der Schneidkeramik im Vergleich zu den anderen Schneidstoffen. Das spezifische Gewicht liegt besonders für

Tab. 2 *Physikalische Eigenschaften verschiedener Schneidstoffe* [2; 8; 10; 22; 24]

Eigenschaft / Schneidstoff	Spezif. Gewicht $\frac{p}{cm^3}$	Vickershärte Makrohärte $\frac{kp}{mm^2}$	Vickershärte Mikrohärte (Karbide, Oxyde) $\frac{kp}{mm^2}$	Biegebruchfestigkeit bei Raumtemp. $\frac{kp}{mm^2}$	Biegebruchfestigkeit bei 1000° C $\frac{kp}{mm^2}$	Druckfestigkeit $\frac{kp}{mm^2}$	Elastizitätsmodul $\frac{kp}{mm^2}$	Wärmedehnungszahl $\frac{10^{-6}}{°C}$	Wärmeleitfähigkeit $\frac{cal}{cm \cdot sec \cdot °C}$
Schnellarbeitsstahl	8,0–8,8	750 ÷ 1 050	1 300 ÷ 1 800	200 ÷ 400	(~ 50)	250 ÷ 400	28 000 ÷ 32 000	9 ÷ 12	0,04 ÷ 0,06
Handelsübliche Hartmetalle	8–15	1 200 ÷ 1 900	1 200 ÷ 3 000	75 ÷ 260	80 ÷ 140	350 ÷ 590	45 000 ÷ 67 000	5 ÷ 7,5	0,04 ÷ 0,21
Schneidkeramik	3,6–6,9	1 200 ÷ 2 200	1 200 ÷ 2 900	20 ÷ 60	20 ÷ 60	280 ÷ 320	25 000 ÷ 40 000	6,3 ÷ 9,0	0,01 ÷ 0,05
Diamant	3,52	—	3 000 ÷ 10 000	~ 30	~ 30	200 ÷ 600	90 000 ÷ 100 000	0,9 ÷ 1,9	0,33 ÷ 0,38

die rein oxydischen Sorten beträchtlich unter den Schnellarbeitsstahl- und Hartmetallwerkzeugen. Die Makrohärte, die die Festigkeit des gesamten Kornverbandes kennzeichnet, und auch die Mikrohärte der für die Härte maßgebenden Verbindungen sind bei Raumtemperatur nur wenig unterschiedlich gegenüber den handelsüblichen Hartmetallen. Die Warmhärte der Sinteroxyde ist jedoch wesentlich günstiger als die aller anderen Schneidstoffe. Der Härteabfall tritt bei der Schneidkeramik auch im Vergleich zu den Hartmetallen erst bei wesentlich höheren Temperaturen auf [23]. Die Biegebruchfestigkeit, die einen brauchbaren Anhaltspunkt für die Zähigkeit geben kann, ist bei den Schneidstoffen gegenläufig zu ihrer Verschleißfestigkeit. Sie liegt für die keramischen Schneidstoffe im Vergleich zu Schnellarbeitsstahl und Hartmetall relativ niedrig; das bedeutet, daß die Schneidkeramik gegenüber stoßartigen Beanspruchungen, die besonders im unterbrochenen Schnitt auftreten, sehr empfindlich ist. Die Druckfestigkeit der Keramik ist ebenfalls nicht so groß wie die von Hartmetall, sie liegt jedoch in einer Größenordnung, die einen Bruch auf Grund reiner Druckbeanspruchung nicht befürchten läßt. Wenn jedoch auf Grund einer ungleichmäßigen Druckverteilung Biegebeanspruchungen auftreten, kann schon bei relativ kleinen Belastungen ein Bruch erfolgen. Daher ist bei der Einspannung der Keramikplatten in Klemmhalter immer auf eine einwandfreie Auflage zu achten. Der Elastizitätsmodul von Sinteroxyden ist kleiner als bei den handelsüblichen Hartmetallen, er liegt jedoch höher als der von Schnellarbeitsstahl. Der Bereich der elastischen Verformbarkeit der Keramik ist bei normalen Temperaturen nur sehr klein, so daß nach Überschreiten der Elastizitätsgrenze fast ohne Übergang der Bruch erfolgt. Die Keramik weist eine etwas größere Wärmedehnung auf als Hartmetall, sie liegt damit etwa in der Mitte zwischen Stahl und Hartmetall. Hinsichtlich der Wärmeleitfähigkeit besteht zwischen den Hartmetallen und der Schneidkeramik ein beträchtlicher Unterschied; die Fähigkeit, Wärme abzuführen, ist bei den keramischen Schneidstoffen wesentlich geringer. Die Wärmeleitfähigkeit ist außerdem stark von der Temperatur abhängig. Bei Raumtemperatur liegen die Werte etwa in der Größenordnung der Schnellarbeitsstähle, während sie bei höheren Temperaturen um mehr als die Hälfte zurückgehen [2]. Die geringe Wärmeleitfähigkeit bietet den Vorteil, daß die beim Zerspanungsvorgang entstehende Wärme zum größten Teil durch den Span abgeführt wird, während das Werkzeug selbst relativ kalt bleibt. Andererseits ist jedoch von Nachteil, daß im Bereich starker Erwärmung in der Kontaktzone zwischen Werkzeug, Werkstück und Span wegen des großen Wärmegefälles gegenüber der übrigen Schneidplatte Wärmespannungen entstehen, die Spannungsrisse verursachen können. Die Schneidkeramik ist aus diesem Grunde ebenso wie die hoch titankarbidhaltigen Hartmetallsorten sehr empfindlich gegen örtliche Überhitzungen beim Schleifen.
Zusammenfassend kann festgestellt werden, daß die Schneidkeramik auf Grund ihrer physikalischen Eigenschaften für bestimmte Gebiete der Zerspanungstechnik als gut geeignet erscheint. Besonders hervorzuheben sind ihre hohe Warmfestigkeit und ihre Reaktionsträgheit gegenüber Eisenwerkstoffen, nachteilig wirkt sich ihre relativ geringe Zähigkeit aus.

3. Die Ausbildung der Werkzeuge

Da sich keramische Schneidplatten nur schwer durch Löten mit einem Stahlschaft verbinden lassen – es sei denn, sie sind vorher an ihrer Oberfläche metallisiert worden –, werden Keramikwerkzeuge vorwiegend als Klemmhalter ausgeführt (Abb. 1). Als Unterlagen verwendet man meist plangeschliffene Hartmetall- und Schnellarbeitsstahlplatten oder auch dünnes Kupferblech, um so eine satte Auflage zu gewährleisten. Die Schneidplatte wird meist mit dem aufgesetzten Spanbrecher geklemmt, der verstellbar ausgeführt ist, so daß er den jeweiligen Schnittbedingungen angepaßt werden kann. Die Schneideinsätze liegen meist als Wendeschneidplatten von quadratischer, dreieckiger oder rhombischer Form vor, die im allgemeinen nicht nachgeschliffen werden. Wenn erforderlich, können keramische Platten sowohl mit Diamant- als auch mit Siliziumkarbidschleifen geschliffen werden.

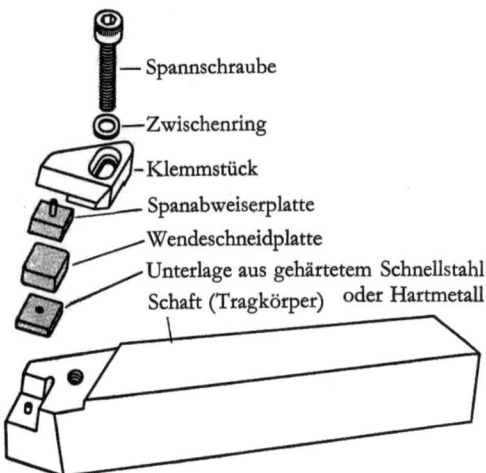

Abb. 1 Aufbau eines Klemmhalters für Wendeschneidplatten [24]

Von besonderer Wichtigkeit bei der Anwendung keramischer Werkzeuge ist die Schutzfase an der Schneide. Die Schartigkeit der Schneide wird hierdurch herabgesetzt, so daß die Gefahr des Ausbröckelns weitgehend vermieden werden kann. Die Fase wird vom Hersteller unter einem Winkel von — 20 bis — 45° zur Spanfläche und in einer Breite von etwa 0,1 mm angeschliffen. Wenn Wendeschneidplatten oder gelötete Platten vom Verbraucher nachgeschliffen werden, sollte die Schneidkante vor dem Einsatz mit einer Diamant- oder Borkarbidfeile abgezogen werden. Die Breite der Fase sollte je nach vorgesehenem Vorschub 0,05–0,2 mm betragen.

Span- und Neigungswinkel an keramischen Werkzeugen sind vorwiegend negativ, um eine möglichst große Schneidenstabilität zu erreichen. Sie betragen bei Wendeschneidplatten mit negativem Spanwinkel, die für das Drehen eingesetzt werden, zwischen — 5 und — 7°. Für die Bearbeitung im unterbrochenen Schnitt können auch stärkere negative Spanwinkel angeschliffen werden. Die Freiwinkel sind bei den Wendeschneidplatten mit einem Keilwinkel von 90° durch die Größe des negativen Spanwinkels festgelegt und liegen ebenfalls bei 5–7°. Die keramischen Schneidplatten werden wegen ihrer geringen Biegebruchfestigkeit dicker als Hartmetallplatten von sonst gleichen Abmessungen ausgeführt; die Plattenstärke liegt meist über 5 mm.

4. Schneideigenschaften der keramischen Werkzeuge

4.1 Standzeituntersuchungen beim Drehen

In den letzten Jahren sind in größerem Umfang Dreh- und auch Fräsversuche mit keramischen Werkzeugen durchgeführt worden. Dabei zeigte sich, daß durch den Einsatz von Schneidkeramik z. T. beträchtliche Leistungssteigerungen gegenüber Hartmetallwerkzeugen möglich sind. In Abb. 2 ist die fortschreitende Verbesserung der Schneideigenschaften keramischer Werkzeuge an Hand der Ergebnisse von Verschleißuntersuchungen dargestellt.

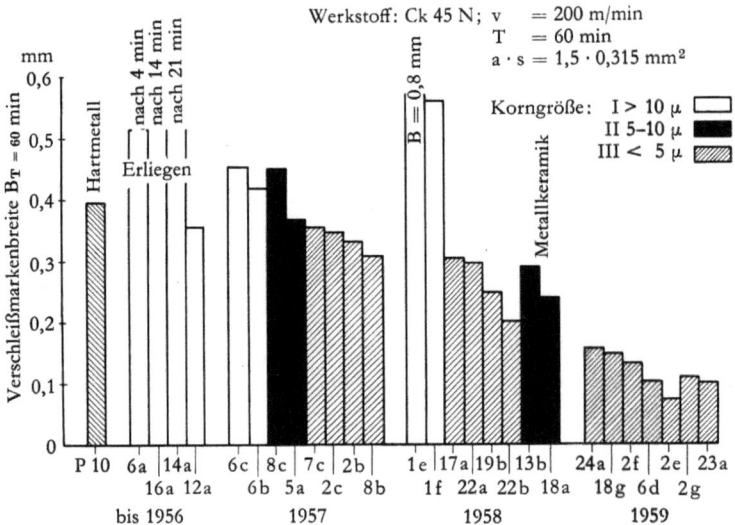

Abb. 2   Die Entwicklung der keramischen Schneidstoffe

Wenn man die Entwicklung der keramischen Schneidstoffe in den letzten Jahren verfolgt, so erkennt man drei verschiedene Abschnitte. Der erste Abschnitt diente der Entwicklung des Schneidstoffes selbst. In den Jahren 1954–1956 wurden von verschiedenen Firmen im In- und Ausland derartige Schneidstoffe auf den Markt gebracht. Die Leistungsfähigkeit war jedoch noch sehr ungleichmäßig. Wenn auch von sensationellen Erfolgen mit diesem neuen Schneidstoff berichtet wurde, so zeigte sich doch bei näherer Untersuchung, daß die Schwierigkeiten beim Einsatz der keramischen Werkzeuge wegen ihrer Sprödigkeit noch sehr groß waren. Ein Teil der Schneidstoffe versagte bei der Stahlbearbeitung vollkommen; die Schneidleistung lag z. T. unter der von Hartmetallwerkzeugen.

Im zweiten Abschnitt war man daher bemüht, zunächst einmal die Zähigkeitseigenschaften zu verbessern. Es konnten zwar nicht die anfänglich genannten hohen Schnittgeschwindigkeiten angewendet werden, sondern der Bereich der sinnvoll anwendbaren Schnittgeschwindigkeiten lag etwa in der gleichen Größenordnung wie Hartmetall und geringfügig höher. Es zeigten sich die ersten Erfolge in der Praxis; die besseren Zähigkeitseigenschaften ließen sogar einen Einsatz im unterbrochenen Schnitt oder bei der Bearbeitung von rohen Gußwerkstücken zu.

Etwa ab Mitte 1958 wurde dann die Entwicklung wieder stärker auf die Verbesserung der Verschleißfestigkeit gerichtet; gegenüber Hartmetall konnte der Werkzeugverschleiß beträchtlich herabgesetzt werden. Durch eine Verbesserung der Herstellungsverfahren, durch die Beherrschung der Gefügeausbildung sowie durch Zulegieren von Metallkarbiden konnten bis heute sowohl die Verschleißfestigkeit als auch die Zähigkeit gesteigert werden. Bei den neueren Keramikqualitäten beträgt der Verschleiß je nach Schnittgeschwindigkeit nur etwa ein Drittel bis ein Viertel des Verschleißes von Hartmetall. Wie Abb. 2 zeigt, wurde bei den Sorten 24a–23a bei einer Schnittgeschwindigkeit von 200 m/min nach einer Stunde Drehzeit nur ein Freiflächenverschleiß von 0,07 bis 0,15 mm festgestellt, während der Verschleiß bei Hartmetall schon $B = 0,4$ mm betrug. Die anwendbaren Stundenschnittgeschwindigkeiten der neuesten Keramiksorten beim Bearbeiten eines Stahl Ck 53 N sind in Abb. 3 gegenübergestellt. Im Gegensatz zu dem Stahl Ck 45 N besitzt dieser Werkstoff eine wesentlich stärkere Verschleißwirkung wie ein Vergleich der Stundenschnittgeschwindigkeiten für Hartmetall P 10 zeigt. Durch den Einsatz der Schneidkeramik lassen sich gegenüber Hartmetall P 10 Verbesserungen von 30 bis 90% erzielen.

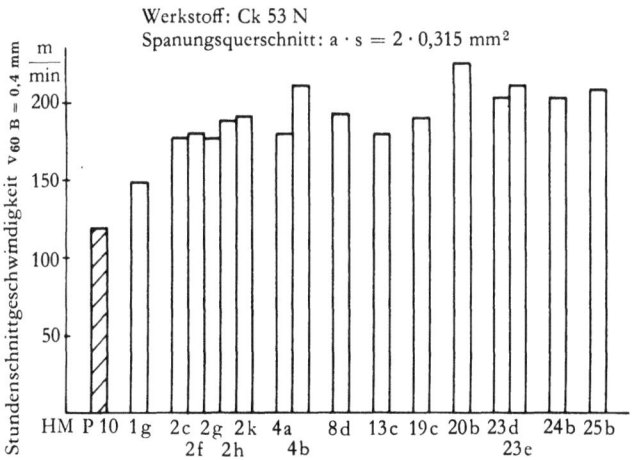

Abb. 3 Die Schneidhaltigkeit neuerer Keramiksorten

Die Standzeit-Schnittgeschwindigkeitskurven für eine Reihe in- und ausländischer Keramiksorten bei der Bearbeitung des Stahl Ck 53 N zeigt Abb. 4. Für Hartmetall P 10 ist die Standzeitkurve für einen konstanten Freiflächenverschleiß

$B = 0,4$ mm und für einen Kolkverschleiß $K = 0,1$ eingetragen. Bei Schneidkeramik ist der Kolkverschleiß im Vergleich zu Hartmetall nur sehr gering. Ein Einfluß des Kolkverschleißes auf die Standzeit ist nur in einem Geschwindigkeitsbereich, der beträchtlich oberhalb der Stundengeschwindigkeit $v_{60\ B=0,4\ mm}$ liegt, festzustellen. In das Standzeitdiagramm wurden daher nur die Kurven für einen konstanten Freiflächenverschleiß von $B = 0,4$ mm aufgenommen. Wie das Diagramm zeigt, kann durch den Einsatz von Keramik gegenüber Hartmetall vornehmlich im Bereich zwischen 100 und 250 m/min eine beträchtliche Verbesserung der Schneidleistung erreicht werden. Die Überlegenheit der Keramik nimmt jedoch bei dem Stahl Ck 53 N im Bereich unter 80 m/min ab. Der Verlauf

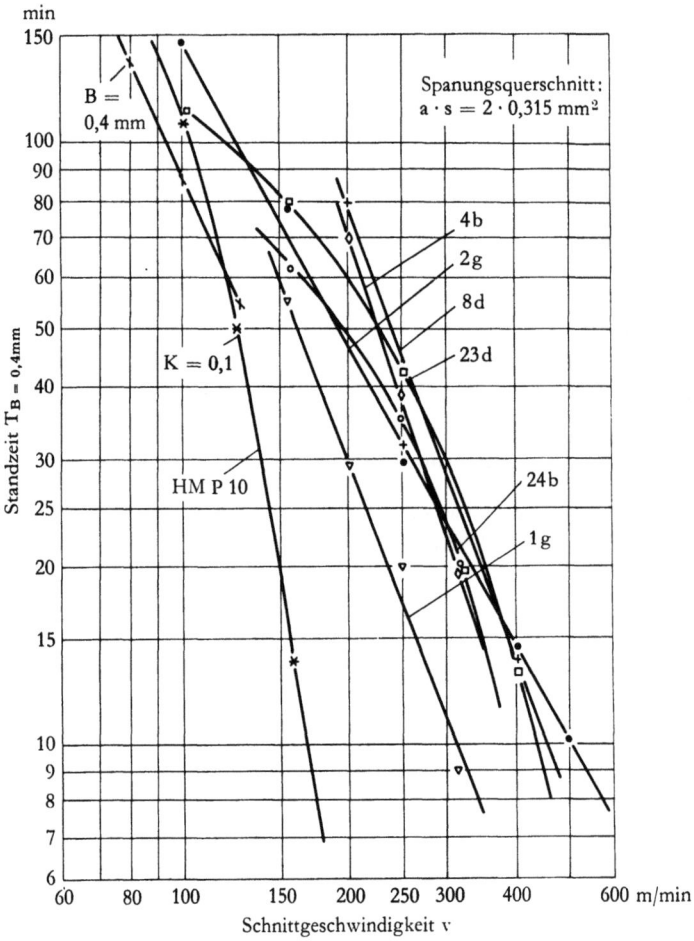

Abb. 4 Drehen mit keramischen Schneidstoffen
  Werkstoff: Ck 53 N   Festigkeit: $\sigma_B = 72$ kp/.nm²
  Werkzeug: Hartmetall P 10   Keramik
  $\alpha = 8°$ $\varkappa = 60°$ $\alpha = 5°; 6°$ $\varkappa = 60°$
  $\gamma = 10°$ $\varepsilon = 90°$ $\gamma = -5°; -6°$ $\varepsilon = 90°$
  $\lambda = -4°$ $r = 1$ mm $\lambda = -5°; -4°$ $r = 1$ mm

der Standzeitkurven der keramischen Werkzeuge wird in diesem Bereich flacher und kommt den Standzeitkurven von Hartmetall P 10 sehr nahe. Der Kolkverschleiß bei Hartmetall ist in diesem Geschwindigkeitsbereich weniger ausschlaggebend, so daß der Vorteil der höheren Warmhärte der Keramik nicht mehr voll ausgenutzt werden kann. Die Anwendung von keramischen Werkzeugen scheint daher bei diesen Geschwindigkeiten nur in speziellen Bearbeitungsfällen sinnvoll zu sein.

Die Ergebnisse von Verschleißuntersuchungen an einer Reihe von legierten und unlegierten Stählen zeigt Abb. 5. Die Festigkeits- bzw. Härteangaben der untersuchten Werkstoffe sind in Tab. 3 zusammengefaßt. Für alle Werkstoffe außer dem Einsatzstahl 16 MnCr 5 konnte durch den Einsatz von Keramikwerkzeugen eine Verbesserung der Schneidleistung erreicht werden. Die anwendbaren Stundenschnittgeschwindigkeiten liegen bei Schneidkeramik um 40–100% höher als bei Hartmetall.

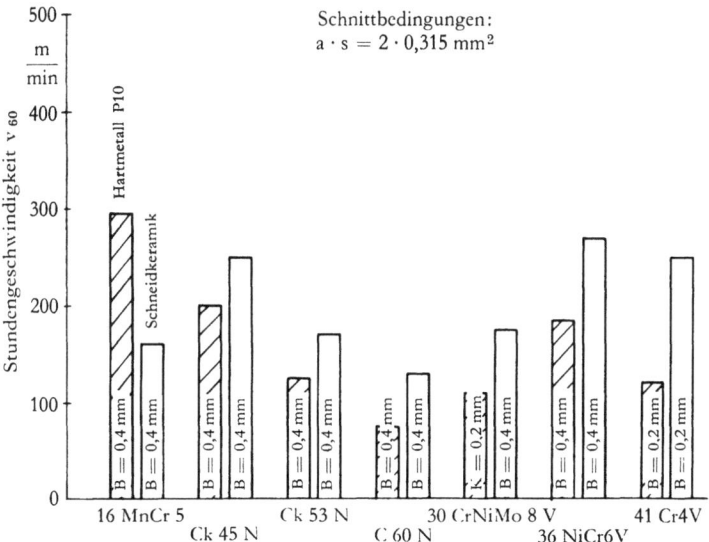

Abb. 5 Drehen von Stahl mit Schneidkeramik

Tab. 3 *Festigkeit und Härte der untersuchten Werkstoffe*

Werkstoff	Festigkeit σ_B [kp/mm²]	Werkstoff	Vickershärte HV [kp/mm²]
Stähle		*Gußeisen*	
16 MnCr 5	53	GG 26	220
Ck 45 N	65	GGG-P (perlitisches	
Ck 53 N	72	Gußeisen mit	
C 60 N	76	Kugelgraphit)	218
30 CrNiMo 8 V	96	GTS	118
36 NiCr 6 V	88	GTW	185
41 Cr 4 V	82		

Die Bearbeitbarkeit des Stahls 30 CrNiMo 8 mit Schneidkeramik wurde für verschiedene Vergütungszustände untersucht. Der Verschleiß bei einer Schnittgeschwindigkeit v = 200 m/min nach 20 bzw. 40 min Drehzeit in Abhängigkeit von der Festigkeit ist in Abb. 6 dargestellt. Wie der Kurvenverlauf zeigt, nimmt der Verschleiß mit größer werdender Festigkeit stark zu. Bei der höchsten Festigkeit von 117 kp/mm² brachen die Werkzeuge vor Erreichen einer Standzeit von 40 min aus. Die Untersuchungen zeigen jedoch, daß Stähle mit hohen Festigkeiten sich ohne weiteres mit Schneidkeramik bearbeiten lassen. Im Vergleich dazu konnten mit einem Hartmetallwerkzeug der Anwendungsgruppe P 10 bei dieser Schnittgeschwindigkeit nur Standzeiten von 1 bis 2 min erreicht werden.

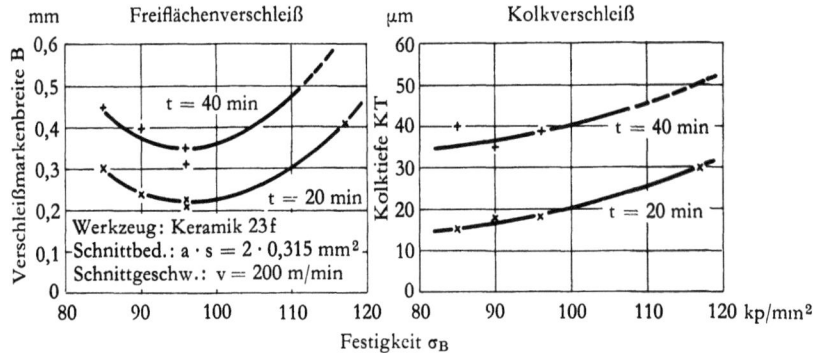

Abb. 6   Verschleiß beim Bearbeiten des Werkstoffes 30 CrNiMo 8 V mit Schneidkeramik

Wie schon in früheren Untersuchungen [11] gezeigt werden konnte, lassen sich beim Bearbeiten von Gußeisen durch die Verwendung keramischer Werkzeuge beträchtliche Standzeiterhöhungen erzielen. In Abb. 7 sind die entsprechenden Vergleiche für verschiedene Gußeisensorten getrennt nach der Bearbeitung in der Gußhaut und im Kern dargestellt. Zur Gegenüberstellung wurde für den Grauguß GG 26 Hartmetall der Zerspanungsanwendungsgruppe K 10, für die anderen Gußeisensorten Hartmetall M 10 gewählt. Diese Hartmetalle zeigten jeweils das günstigste Verschleißverhalten. Die angegebenen Verschleißkriterien sind sowohl für Hartmetall als auch für Keramik möglichst hoch gewählt, um eine größtmögliche Ausnutzung des jeweiligen Schneidstoffes zu erzielen. Es ergaben sich Erhöhungen der Stundenschnittgeschwindigkeiten v_{60} gegenüber Hartmetall von 25 bis 100% in der Gußhaut und 65 bis 150% in der Kernzone. Für das Abdrehen der Gußhaut mit Keramikwerkzeugen ist es sehr wichtig, daß die Kruste oder Unrundheit in einem Überlauf abgedreht werden kann, ohne daß der Meißel dabei außer Eingriff kommt. Größere Unrundheiten oder Lunker wirken sich ungünstig aus, da sie leicht zu einem Ausbrechen der Schneidkante führen.

Um den Anwendungsbereich eines Schneidstoffes genau abgrenzen zu können, ist von maßgebender Bedeutung neben dem Einfluß der Schnittgeschwindigkeit

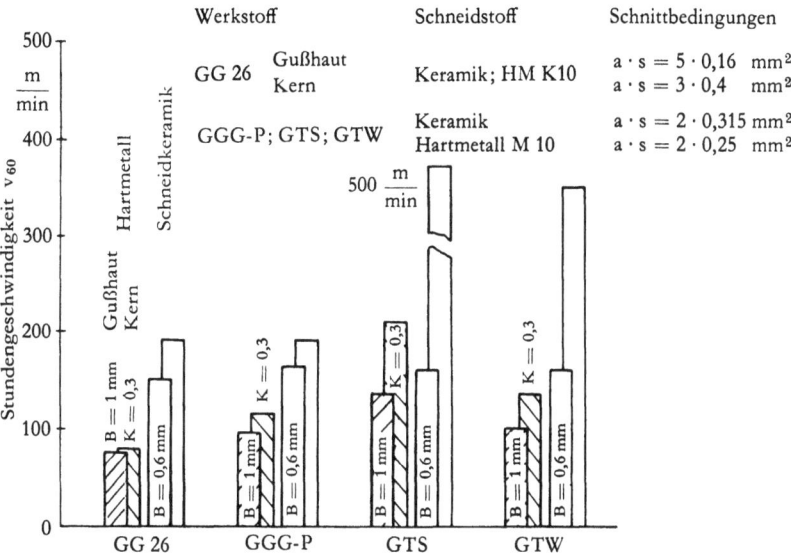

Abb. 7 Drehen von Gußeisen mit Schneidkeramik

auf den Verschleiß auch die Abhängigkeit der Standzeit vom Vorschub zu untersuchen, da das in der Zeiteinheit zerspante Volumen durch den Vorschub mit bestimmt wird. Die Versuche haben gezeigt, daß in dem Bereich von 0,1 bis 0,5 mm/U die Standzeit bei Stahl nur unwesentlich durch den Vorschub beeinflußt wird, so daß bei einer Vergrößerung des Vorschubs von 0,1 bis 0,5 mm/U die Schnittgeschwindigkeit bei gleicher Standzeit nur um etwa 30% herabgesetzt zu werden braucht. Größere Vorschübe als 0,5 mm/U sind beim Bearbeiten von Stahl mit keramischen Werkzeugen nicht zu empfehlen, weil die Belastung der Schneide dann so groß wird, daß sehr leicht Ausbrüche auftreten können. Da die spezifischen Schnittkräfte bei Gußeisen gegenüber Stahl wesentlich geringer sind, können hier Vorschübe bis etwa 0,8 mm/U zugelassen werden. Für den Einsatz keramischer Schneidstoffe im Schruppschnitt ist daher zu empfehlen, die größtmöglichen Vorschübe bei Schnittgeschwindigkeiten, die etwa 20–30% unter den höchsten für den jeweiligen Werkstoff angegebenen Werten liegen, anzuwenden. Auf diese Weise kann die höchste Werkstoffabnahme pro Zeiteinheit erreicht werden.

Zusammenfassend kann festgestellt werden, daß keramische Werkzeuge beim Drehen von Gußeisen und Stahl mit Erfolg eingesetzt werden können. Die größten Verbesserungen gegenüber Hartmetall lassen sich beim Bearbeiten von Gußeisen erzielen. Bei den Vergütungsstählen liegen die anwendbaren Stundenschnittgeschwindigkeiten im allgemeinen um 40–60% höher als bei Hartmetall; hier werden die besten Ergebnisse bei den Werkstoffen mit höherer Festigkeit bzw. mit höherem Kohlenstoffgehalt erzielt. Bei Stählen mit niedrigem Kohlenstoffgehalt ist der Verschleiß der Schneidkeramik in den meisten Fällen höher als bei Hartmetall der Zerspanungsanwendungsgruppe P 10.

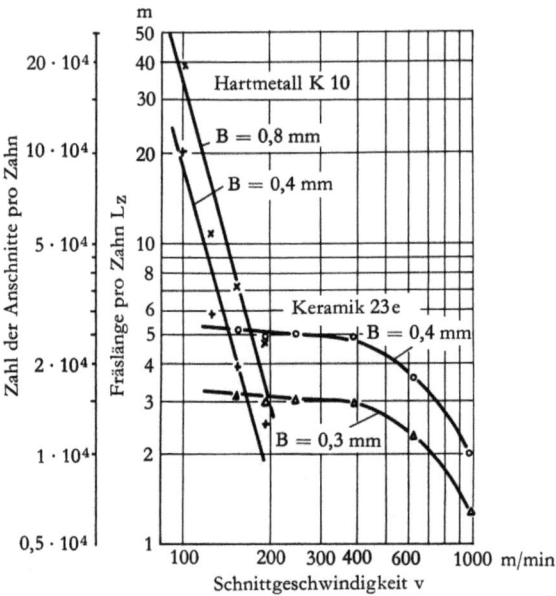

Abb. 8 Fräsen von Grauguß GG 26 mit Schneidkeramik
Spanungsquerschnitt: $a \cdot s_z = 3 \cdot 0{,}2$ mm^2
Werkzeug: Messerkopf: $D = 250$ mm
Schneidengeometrie:
  Hartmetall: $\gamma = +6°$ $\lambda = 0°$
  Keramik: $\gamma = -20°$ $\lambda = -6°$
Werkstückbreite: $b = 50$ mm

4.2 Untersuchungen beim Fräsen

Neben den Untersuchungen im glatten Schnitt beim Drehen, wurden auch Fräsversuche an Gußeisen und Stahl durchgeführt, deren Ergebnisse neben der Aussage über das Verschleißverhalten auch Schlüsse auf die Zähigkeit des Schneidstoffes zulassen. In Abb. 8 sind die Standzeitkurven für das Fräsen von Grauguß GG 26 mit Hartmetall K 10 und Keramik gegenübergestellt. Die beiden Schneidstoffe zeigen eine unterschiedliche Abhängigkeit zwischen Fräslänge und Schnittgeschwindigkeit. Während bei Hartmetall K 10 mit zunehmender Geschwindigkeit die Fräslänge sehr stark abnimmt, verläuft die Standzeitkurve für Keramik zunächst etwa horizontal, d. h. der Verschleiß ändert sich – bezogen auf gleiche Fräslänge und damit gleiche Anschnittzahl – mit größer werdender Schnittgeschwindigkeit nur sehr wenig. Erst im Bereich über 400 m/min nimmt der Verschleiß stärker zu. Bei diesen Versuchen wurde ein Werkstück mit einer im Verhältnis zum Messerkopfdurchmesser geringen Breite von 50 mm bearbeitet. Man darf daher annehmen, daß in diesem Bearbeitungsfall im unteren Geschwindigkeitsbereich die Zahl der Anschnitte einen größeren Einfluß auf den

Verschleiß hat als das pro Zeiteinheit zerspante Werkstoffvolumen. Wie das Diagramm zeigt, weist das keramische Werkzeug oberhalb von etwa 160 m/min bei gleichem Verschleißkriterium größere Standzeiten auf als Hartmetall. Bei niedrigeren Schnittgeschwindigkeiten ist das Hartmetall jedoch wegen seiner größeren Zähigkeit überlegen; an Hartmetallwerkzeugen können außerdem gegenüber Schneidkeramik Verschleißmarken bis etwa 1,5 mm Breite zugelassen werden, ohne daß die Gefahr von Schneidkantenausbrüchen besteht.

Auf Grund der beim Fräsen von Stahl mit Hartmetall gewonnenen Erkenntnisse über den Einfluß der Kontaktart auf die auftretenden Kräfte wurde in einem Vorversuch Schneidkeramik zum Fräsen von Stahl eingesetzt. Im Gegensatz zum Fräsen von Grauguß wurde keine stark negative Fase angeschliffen. Die Schneidengeometrie war die gleiche wie sie normalerweise beim Drehen mit Keramik verwendet wird. Der Eingriffswinkel wurde so gewählt, daß sich ein reiner U-Kontakt ergab, d. h., daß der am weitesten von der Schneidenecke entfernt liegende Punkt der Kontaktzone zuerst das Werkstück berührte. Die Schnittgeschwindigkeit betrug 287 m/min, der Spanungsquerschnitt $a \cdot s_z = 3 \cdot 0{,}2$ mm². Den Zustand der Schneidplatte nach einer Fräslänge von etwa 4 m gibt Abb. 9 wieder. Die Platte weist auf Span- und Freifläche ein feines Netzwerk von längs und quer verlaufenden Rissen auf. Aus den Längsrissen haben sich von der

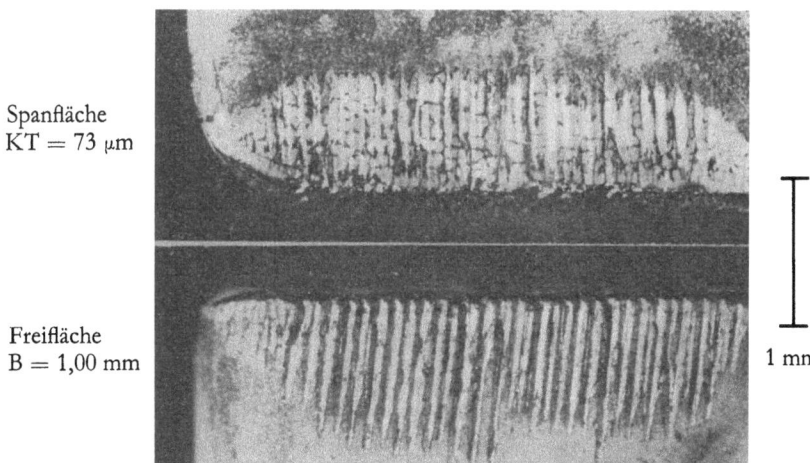

Abb. 9 Verschleiß auf der Span- und Freifläche eines Keramikwerkzeuges
Werkstoff: Ck 45 N
Schneidstoff: Keramik 23 e
Schnittgeschwindigkeit: $v = 287$ m/min
Spanungsquerschnitt: $a \cdot s_z = 3 \cdot 0{,}2$ mm²
Schneidengeometrie: $\alpha = 5°$; $\varkappa = 70°$
$\gamma_w = 5°$; $\lambda = -4°$
Werkstückbreite: $b = 94$ mm
Fräslänge: $L_z = 3{,}96$ m

Schneide her sehr starke Verschleißriefen gebildet. Ob diese Riefen und Risse ein Ausbrechen der Schneidkante verursachen können, muß in weiteren Untersuchungen geklärt werden.

Die Versuche beim Fräsen zeigen, daß die neueren Keramikqualitäten schon eine relativ gute Zähigkeit aufweisen. Durch die Wahl einer geeigneten Schneidengeometrie und günstiger Auftreffbedingungen lassen sich sowohl bei Grauguß als auch bei Stahl Standzeitverbesserungen erzielen. Derart günstige Auftreffbedingungen wie bei den Laborversuchen dürften sich jedoch wegen der häufig vorliegenden unregelmäßigen Oberflächen in der Praxis nicht immer verwirklichen lassen. Da außerdem beim Fräsen im Gegensatz zum Drehen häufiger Schneidkantenausbrüche festgestellt wurden, ist der Einsatz von keramischen Werkzeugen beim Fräsen zunächst nur bedingt zu empfehlen.

4.3 Feindrehen mit Schneidkeramik

Im Rahmen der Untersuchungen über die Einsatzmöglichkeiten keramischer Schneidstoffe wurden neben den Bearbeitungsversuchen mit mittleren Spanquerschnitten auch Feindrehversuche durchgeführt. Die Versuche sollten zeigen, welche Oberflächengüten und Standzeiten sich bei der Anwendung keramischer Werkzeuge in der Feinbearbeitung erzielen lassen.

Die Oberflächengüte beim Feindrehen wird in starkem Maße von der Schneidengeometrie des eingesetzten Werkzeuges sowie durch die Schnittgeschwindigkeit und den Vorschub bestimmt. Wie umfangreiche Feindrehversuche mit Hartmetallwerkzeugen gezeigt haben, wirkt sich ein im Verhältnis zum Vorschub relativ großer Eckenradius günstig auf die erreichbare Oberflächengüte und die Standzeit aus. Der Radius kann jedoch nicht beliebig groß gewählt werden, sondern seine optimale Größe wird durch die dynamische Steifigkeit der verwendeten Maschine mit festgelegt. Bei der für die Untersuchungen verwendeten Feindrehbank ließen sich Eckenradien bis zu einer Größe von etwa 1,5 mm mit Erfolg anwenden.

Für die Feindrehuntersuchungen wurden vier verschiedene Keramiksorten eingesetzt. Zum Vergleich wurden diese Schneidstoffe einem Hartmetall der Zerspanungsanwendungsgruppe P 01.3 gegenübergestellt; diese Anwendungsgruppe wird normalerweise für das Feindrehen von Stahl eingesetzt. Die Rauhtiefen für zwei Keramiksorten und Hartmetall in Abhängigkeit von der Schnittgeschwindigkeit zeigt Abb. 10. Als Parameter sind außerdem zwei verschiedene Vorschübe eingetragen. Die angegebenen Werte gelten für frisch angeschliffene Schneiden. Für Hartmetall P 01.3 ist ein ausgeprägtes Rauheitsminimum im Bereich zwischen 200 und 300 m/min zu erkennen. Durch die Verwendung eines kleineren Vorschubes ergibt sich hier eine geringfügige Verminderung der Rauheit. Der Eckenradius für das Hartmetallwerkzeug beträgt 1 mm, der Spanwinkel + 5°. Beim Feindrehen mit Schneidkeramik nimmt die Rauhtiefe bis zu einer Schnittgeschwindigkeit von 400 m/min ab, so daß sich hier kein ausgeprägtes Minimum ergibt. Die erzielte Oberflächengüte liegt ab 250 m/min etwa in der gleichen Größenordnung wie bei Hartmetall. Ein ähnlicher Verlauf zeigt sich auch bei der Verwendung der anderen untersuchten Schneidstoffe. Da die höchste Schnittgeschwindigkeit mit 400 m/min durch die Drehzahlen der Maschine festgelegt war, konnte der Bereich der höheren Schnittgeschwindigkeiten nicht untersucht werden. Die verwendeten keramischen Feindrehwerkzeuge besaßen einen Radius von 1,5 mm und einen Spanwinkel von — 5°. Auf diese Weise wurde eine möglichst stabile Schneide erreicht.

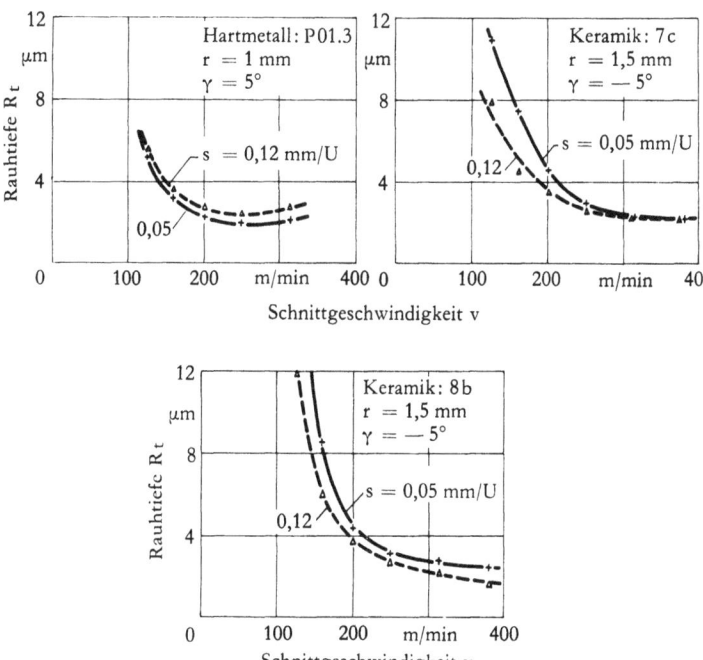

Abb. 10 Rauhtiefe in Abhängigkeit von der Schnittgeschwindigkeit beim Feindrehen von Stahl Ck 45 mit Hartmetall- und Keramikwerkzeugen

Versuche, in denen der Verlauf der Rauhtiefe in Abhängigkeit von der Drehzeit für verschiedene Schnittgeschwindigkeiten untersucht wurde, bestätigen die in Abb. 10 dargestellten Abhängigkeiten. In dem oberen Geschwindigkeitsbereich sind die keramischen Schneidstoffe hinsichtlich der erreichbaren Oberflächengüte durchaus mit Hartmetall vergleichbar.

Ergänzend hierzu wurde das Verschleißverhalten der keramischen Werkzeuge bei der Feinbearbeitung untersucht. In Abb. 11 ist der Freiflächenverschleiß für Hartmetall P 01.3 und Schneidkeramik 7c in Abhängigkeit von der Schnittgeschwindigkeit aufgetragen. Bei Hartmetall tritt ein relativ geringer Anfangsverschleiß auf, der zunächst nur wenig und dann nach etwa 10 min stärker zunimmt.

Demgegenüber wurde bei der Keramik 7c ein verhältnismäßig hoher Anfangsverschleiß festgestellt, der nach etwa 2 min Drehzeit schon 0,1 mm betrug. Der

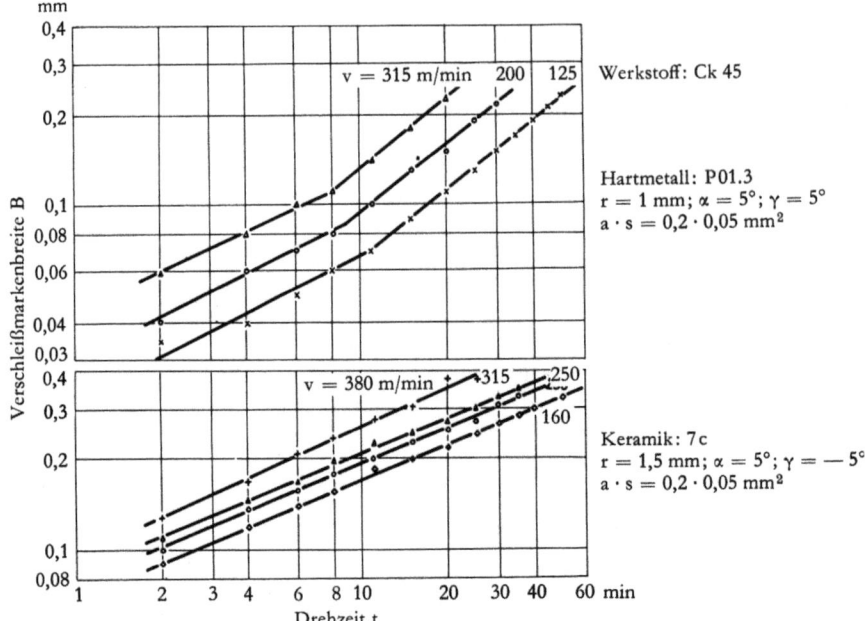

Abb. 11 Freiflächenverschleiß beim Feindrehen von Ck 45 mit Hartmetall und Keramik

Werkstoff: Ck 45

Hartmetall P01.3	Keramik 7c, 8b	Keramik 2g, 23a
$a \cdot s = 0{,}2 \cdot 0{,}05$ mm²	$a \cdot s = 0{,}2 \cdot 0{,}05$ mm²	$a \cdot s = 0{,}2 \cdot 0{,}08$ mm²
$r = 1$ mm	$r = 1{,}5$ mm	$r = 1$ mm
$\alpha = 5°; \gamma = 5°$	$\alpha = 5°; \gamma = -5°$	$\alpha = 5°; \gamma = -5°$

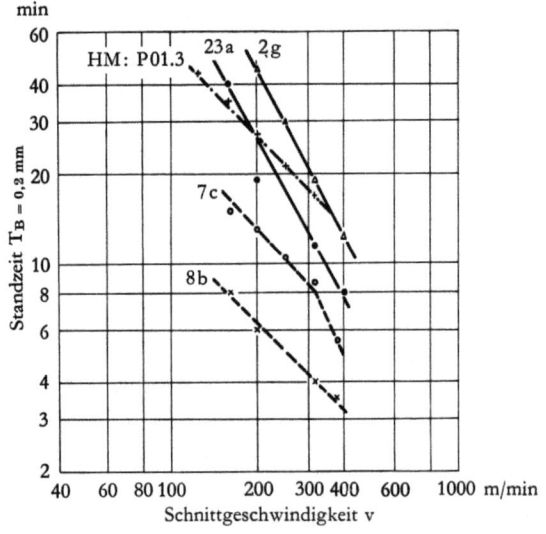

Abb. 12 Standzeitschaubild für das Feindrehen von Ck 45 mit Hartmetall und Keramik

Anstieg der Verschleißkurve ist jedoch geringer als bei Hartmetall. Beim Feindrehen mit Hartmetall legt man als Standzeitkriterium normalerweise eine Verschleißmarkenbreite von 0,2 mm fest. Dieses Kriterium führt bei den beiden Keramiksorten 7c und 8b zu verhältnismäßig geringen Standzeiten, wie Abb. 12 zeigt. Die Werkzeuge sind bei Erreichen dieser Verschleißgröße durchaus noch schneidfähig, so daß es naheliegt, größere Verschleißmarkenbreiten als Standzeitkriterium zuzulassen. Auf diese Weise könnten durch den Einsatz von keramischen Werkzeugen Standzeitverbesserungen erzielt werden. Ob eine Verschleißmarkenbreite von 0,3 mm für das Feindrehen mit Schneidkeramik sinnvoll ist, kann nur im Zusammenhang mit Untersuchungen über die erreichbare Form- und Maßgenauigkeit entschieden werden. Außerdem muß darauf hingewiesen werden, daß bei einem Freiflächenverschleiß von mehr als 0,2 mm häufig Meißelschwingungen auftreten, die zu einer unbrauchbaren Werkstückoberfläche führen und einen schnelleren Meißelverschleiß verursachen. Bei der Festlegung der zulässigen Verschleißmarkenbreite müssen deshalb die Starrheitsverhältnisse an der jeweiligen Feindrehmaschine mit berücksichtigt werden. Besonders günstige Verschleißeigenschaften zeigt die Keramiksorte 2g (Abb. 12). Für diesen Schneidstoff ergeben sich im untersuchten Geschwindigkeitsbereich größere Standzeiten als bei Hartmetall P 01.3.

Zusammenfassend kann festgestellt werden, daß die keramischen Schneidstoffe gegenüber Hartmetall der Anwendungsgruppe P 01.3 hinsichtlich der erreichbaren Oberflächengüte durchaus vergleichbar sind. In den Standzeituntersuchungen erwies sich die Verschleißfestigkeit der Schneidkeramik 2g als sehr günstig. Bei Feindrehuntersuchungen an Aluminiumlegierungen konnten im Geschwindigkeitsbereich über 500 m/min mit Keramikwerkzeugen im Trockenschnitt Rauhtiefen von 3 bis 4 μm erzielt werden. In dem untersuchten Geschwindigkeitsbereich wurden jedoch an den verwendeten Keramikwerkzeugen Verklebungen beobachtet, die sich nachteilig auf die Oberflächengüte auswirkten. Durch die Anwendung eines Kühlmittels (Petroleum) konnten die Verklebungen vermieden werden, so daß sich eine etwas günstigere Oberflächengüte ergab. Bei Kühlmittelzufuhr in den hohen Geschwindigkeitsbereichen ist auf jeden Fall zu empfehlen, die Maschine mit einer Schutz- und Absaugvorrichtung auszurüsten. Als günstigste Schneidengeometrie erwies sich ein Spanwinkel von + 15° und ein Eckenradius von 0,2 mm. Damit folgt, daß keramische Schneidstoffe auch zur Bearbeitung von Aluminiumlegierungen eingesetzt werden können; wegen der Neigung der Schneidkeramik zu Verklebungen mit dem Werkstoff ist jedoch der Einsatz von Wolframkarbid-Hartmetallen vorzuziehen.

5. Gefügeuntersuchungen an keramischen Schneidplatten

Neben den Verschleißuntersuchungen wurden von einer Reihe von Keramiksorten elektronenmikroskopische Aufnahmen des Bruchgefüges (Abb. 13) angefertigt, um auf diese Weise zu untersuchen, ob auf Grund der Gefügeausbildung Aussagen über das Verschleißverhalten oder die Zähigkeit gemacht werden

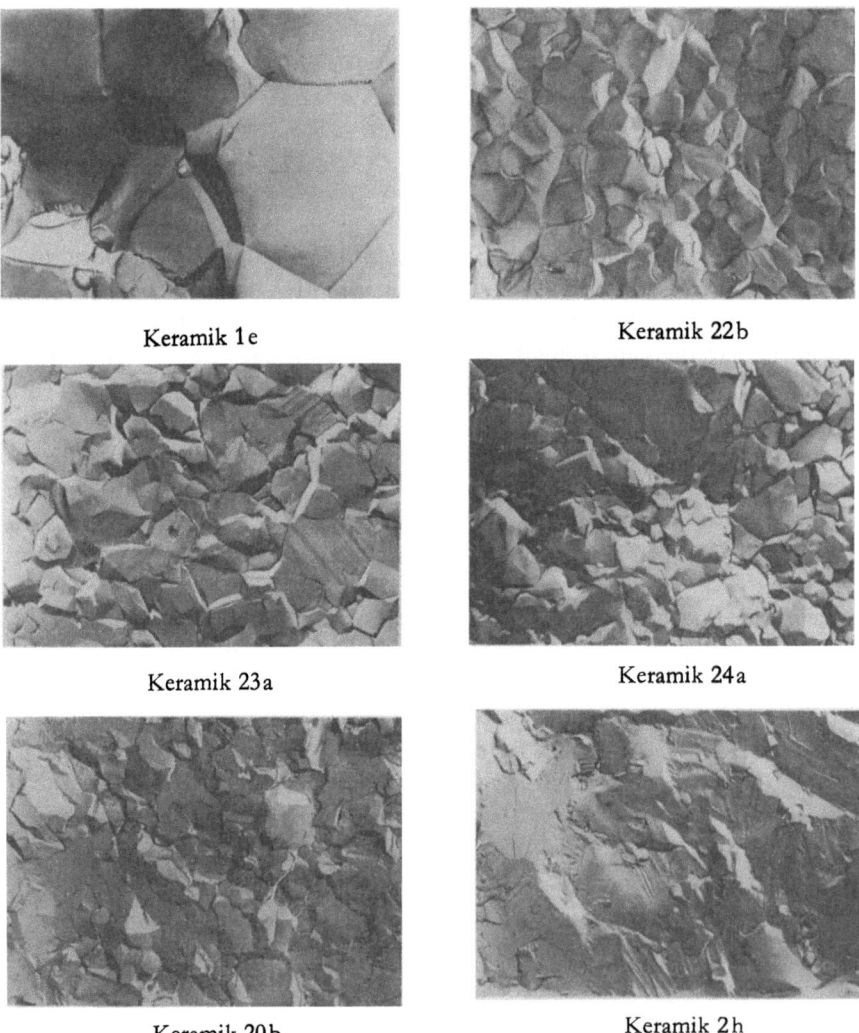

Abb. 13 Bruchgefüge keramischer Schneidstoffe

können. Die angelegten Felder in den Säulendiagrammen (Abb. 2) geben die mittleren Korngrößen bei den verschiedenen Schneidstoffen an, und zwar einmal Korngrößen über 10 µm (weiß), Korngrößen von 5 bis 10 µm (schwarz) und unter 5 µm (schraffiert). Es zeigt sich, daß fast alle neueren Qualitäten im Bereich unter 5 µm liegen. Die Sorten 13b und 18a können nicht unbedingt mit den übrigen Schneidstoffen verglichen werden, da es sich hier um Metallkeramik handelt. Die Qualitäten 1e und 1f besitzen ein sehr grobkörniges Gefüge (Abb. 2 und 13), ihre Schneideigenschaften waren sehr ungünstig; demgegenüber weist die Qualität 22b ein wesentlich feinkörnigeres Gefüge auf, die Korngröße beträgt etwa 2–4 µm. Während hier die einzelnen Körner stärker abgerundet sind, zeigt die Keramik 23a bei etwa gleicher Korngröße ein Gefüge mit sehr scharfkantig ausgebildeten Körnern. Ein Gefüge mit Körnern von unterschiedlicher Größe wurde bei der Sorte 24a beobachtet. Neben relativ kleinen Körnern sind auch Bereiche mit erheblich größeren Körnern festzustellen. Bei anderen Platten wurden ähnliche Unterschiede auch zwischen Rand- und Kernzonen beobachtet. Während in der Randzone meist relativ feine Körner vorlagen, nahm die Korngröße zum Kern hin zu. Die größeren Unterschiede in der Korngröße bei den älteren Sorten lassen den Schluß zu, daß man seinerzeit die Steuerung der Kornausbildung noch nicht vollständig beherrschte. Die neueren Keramiksorten sind dagegen sehr gleichmäßig und weniger unterschiedlich in der Korngröße. Die Schneidkeramik 20b besteht zu mehr als 98% aus Aluminiumoxyd, die Körner sind scharfkantig und deutlich gegeneinander abgegrenzt. Demgegenüber zeigen die Körner der Keramik 2h ein wesentlich anderes Aussehen. Die relativ großen Bruchflächen der einzelnen Körner sind nur undeutlich gegeneinander abgegrenzt, die Körner selbst sind außerdem weniger scharfkantig. Färbung und Burchgefüge dieser Schneidplatten lassen darauf schließen, daß es sich um eine Keramiksorte mit Zusätzen von Metallkarbiden handelt.

Vergleicht man die verschiedenen Gefügeausbildungen mit den Ergebnissen der Verschleißuntersuchungen, so muß festgestellt werden, daß sich nur größere Unterschiede im Zerspanungsverhalten durch eine stark unterschiedliche Gefügeausbildung erklären lassen; eine Beurteilung der Verschleißeigenschaften einer Keramiksorte auf Grund der Kornausbildung und auch des spezifischen Gewichtes allein ist dagegen nicht möglich.

6. Rißbildung in der Kontaktzone keramischer Werkzeuge

Bei der Verschleißuntersuchung an keramischen Werkzeugen wurde neben den normalen Verschleißerscheinungen auf der Span- und Freifläche eine größere Anzahl von Rissen beobachtet (Abb. 14). Diese Risse konnten zunächst nur an den weißen Platten festgestellt werden, da sie sich dort besonders gut gegen den weißen Untergrund abhoben. Etwa in der Mitte der Kontaktzone auf der Spanfläche bilden sich schon nach wenigen Sekunden Eingriffszeit in bestimmtem Abstand zueinander mehrere senkrecht zur Schneide verlaufende Risse. Mit längeren Drehzeiten nimmt die Zahl der Risse zu; außerdem bilden sich je nach Breite der Kontaktzone ein oder zwei Querrisse parallel zur Schneide. Die Risse sind zu Beginn sehr fein und lassen sich nur mit einem Mikroskop feststellen. Mit zunehmender Schnittzeit werden sie jedoch breiter, so daß in stärkerem Maße Werkstoff eindringen kann. Sie treten dann stärker hervor und sind auch für das bloße Auge sichtbar. Die gesamte Kontaktzone auf der Span- und Freifläche überzieht sich nach und nach mit einem Netz von Rissen.

Die Ursache für diese Risse dürften Wärmespannungen sein, die durch Temperaturänderungen in der Kontaktzone bedingt sind [15]. Der Vorgang der Riß-

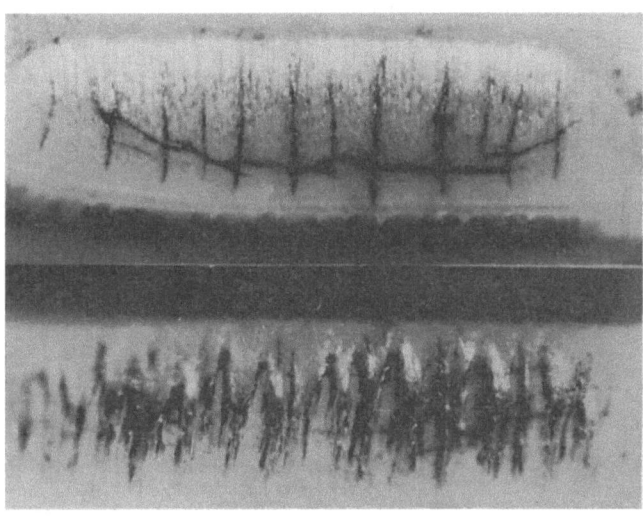

Spanfläche
KT = 60 μm

Freifläche
B = 0,53 mm

1 mm

Abb. 14 Rißbildung auf der Span- und Freifläche einer keramischen Schneidplatte
Werkstoff: Ck 53 N
Schneidstoff: Keramik 23 f
Schnittgeschwindigkeit: $v = 315$ m/min
Spanungsquerschnitt: $a \cdot s = 2 \cdot 0{,}16$ mm^2
Drehzeit: $t = 63$ min

bildung läuft wahrscheinlich folgendermaßen ab: In der Kontaktzone auf der Span- und Freifläche der keramischen Schneidplatten erfolgt eine sehr starke Erwärmung. Von der Kontaktzone ausgehend bildet sich in der Keramikplatte auf Grund der schlechten Wärmeleitfähigkeit ein sehr steiles Temperaturgefälle. Dieses Temperaturgefälle bewirkt Druckspannungen in der äußersten Zone der Schneidplatte. Wird das Werkzeug aus dem Schnitt genommen, kühlen sich die äußersten Schichten zuerst ab; an Stelle der Druckspannungen entstehen Zugspannungen, die wegen der relativ geringen Zugfestigkeit und großen Sprödigkeit der Keramikplatten zu Rissen führen können. Eine derartige Rißbildung beim Drehen wurde bisher im Bereich der Geschwindigkeiten über 160 m/min und bei Vorschüben über 0,1 mm/U beobachtet. In besonders starkem Maße wurde eine derartige Erscheinung beim Fräsen festgestellt. Dort entstanden ausgehend von der Schneide entlang der Risse lange Verschleißriefen. Ob diese Risse einen größeren Einfluß auf das Verschleiß- oder Ausbruchverhalten der Werkzeuge besitzen, konnte noch nicht einwandfrei nachgewiesen werden. Es wurde jedoch mehrfach beobachtet, daß die Ausbrüche an der Schneidenecke entlang dem ursprünglichen Verlauf der Querrisse parallel zur Schneide erfolgten.

7. Temperaturmessungen

Da die Temperaturen in der Kontaktzone zwischen Span und Werkzeug einen entscheidenden Einfluß auf das Verhalten des Werkstoffes bei der Bearbeitung und seine Reaktionen mit dem Schneidstoff ausüben, ist die Kenntnis dieser Temperaturen von großer Bedeutung für die Untersuchung der Verschleißursachen. Durch Einbringen eines Platindrahtes in die Keramikplatte, der mit dem über die Spanfläche ablaufenden Span ein Thermoelement bilden kann, ist es möglich, die Temperatur an der Spanunterseite zu messen. Die Meßanordnung

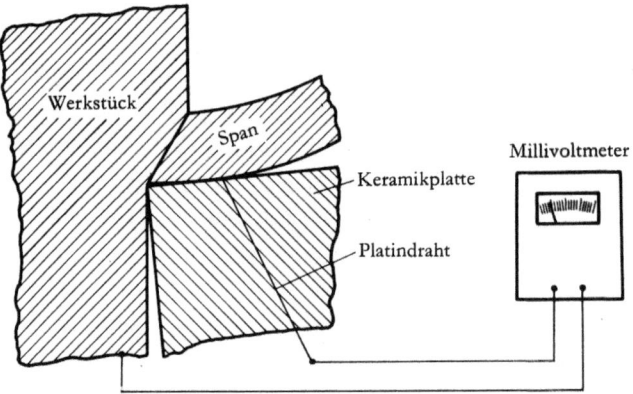

Abb. 15 Temperaturmessung beim Drehen mit Keramik

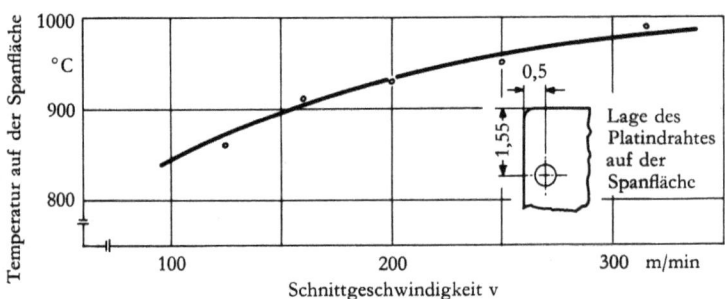

Werkstoff: Ck 45 N
Schneidstoff: Keramik 19
Schnittbedingungen: a · s = 2 · 0,32 mm²

Schneidengeometrie:
$\alpha = 6°$ $\gamma = -6°$ $\lambda = -6°$
$\varkappa = 60°$ $\varepsilon = 90°$ $r = 1$ mm

Abb. 16 Temperaturen auf der Spanfläche beim Drehen mit Keramik

ist in Abb. 15 wiedergegeben. Dieses Meßverfahren läßt sich bei oxydkeramischen Werkzeugen im Gegensatz zu Hartmetall oder Schnellarbeitsstahl ohne weiteres anwenden, da Aluminiumoxyd elektrisch nicht leitend ist. Für die Versuche wurde ein Platindraht von 0,5 mm Stärke verwendet, dessen Austrittspunkt auf der Spanfläche 0,5 mm von der Hauptschneide und 1,55 mm von der Nebenschneide entfernt lag. Als Versuchswerkstoff diente ein Stahl Ck 45 N. Wie Abb. 16 zeigt, ergaben sich zwischen 125 und 315 m/min an der untersuchten Stelle der Kontaktzone Temperaturen von 860 bis 980°C. Um umfassendere Aussagen über das Temperaturfeld machen zu können, müssen weitere Untersuchungen durchgeführt werden, bei denen Thermoelemente nacheinander im gesamten Bereich der Kontaktzone untergebracht werden. Besondere Schwierigkeiten bereitet dabei die Schwächung der Schneide durch den Platindraht, so daß wegen der geringen Zähigkeit der Keramik häufig Ausbrüche auftreten.

8. Wirtschaftlichkeitsrechnung

Bei einem Vergleich verschiedener Schneidstoffe ist neben der Ermittlung der Verschleißfestigkeit die Frage nach dem wirtschaftlichen Anwendungsbereich der Schneidstoffe von besonderer Wichtigkeit. Um zu zeigen, daß sich durch den Einsatz von Schneidkeramik im Vergleich zu Hartmetall Kostenvorteile erzielen lassen, wurde als Beispiel an Hand der vorliegenden Standzeitkurven eine Kostenanalyse beim Drehen von perlitischem Grauguß mit Kugelgraphit durchgeführt. Dieser Werkstoff liegt hinsichtlich seiner Bearbeitbarkeit zwischen normalem Grauguß und Temperguß.

Den besten Überblick erhält man durch einen Vergleich der Fertigungskosten, die bei der Bearbeitung eines bestimmten Werkstückes anfallen. Als Grundlage für die Kostenrechnung wurde die Bearbeitung von Gußbüchsen aus perlitischem Sphäroguß mit 100 mm Durchmesser und einer Drehlänge von 200 mm gewählt. Die Büchsen werden zweimal überdreht, und zwar wird zunächst die Gußhaut mit einem Spanungsquerschnitt von 2 bis 3 · 0,315 mm² vorgedreht, anschließend erfolgt ein zweiter Überlauf mit einem Spanungsquerschnitt von 1 · 0,315 mm². Die dabei verwendeten Größen sind in Tab. 4 näher erläutert.

Die Fertigungskosten lassen sich in Anlehnung an Wirtschaftlichkeitsbetrachtungen nach WITTHOFF [24] nach folgender Berechnung ermitteln:

$$K_f = K_l \cdot (1 + g_D) + K_w$$

Da die Rüstzeiten für beide Schneidstoffe gleich sind, brauchen sie im Rahmen dieser Vergleichsrechnung nicht berücksichtigt werden. Dann ergeben sich die Fertigungslohnkosten zu

$$K_l = \frac{L}{60} \cdot t_h + t_{ws} + \frac{t_{wa}}{n_{wT}}$$

dabei ist

$$t_h = \frac{\pi \cdot d \cdot l}{1000 \cdot v \cdot s}$$

und

$$n_{wT} = \frac{T}{t_h}$$

In dem Kostenvergleich sollen Drehmeißel mit aufgelöteter Hartmetallplatte und Klemmhalter mit Hartmetall- und Keramikwendeplatte gegenübergestellt werden. Für den Drehmeißel mit aufgelöteter Hartmetallplatte ergeben sich folgende Kosten:

$$K_W = \frac{W_a - W_u + n_s \cdot W_s}{n_{wT}(n_s + 1)}$$

Für die Klemmwerkzeuge wurde entsprechend eingesetzt:

$$K_W = \frac{W_{aP}}{n_{wT} \cdot n_K} + \frac{W_{aH}}{n_{wT} \cdot n_H} + \frac{W_{aS}}{n_{wT} \cdot n_{Sp}}$$

Die für die konstanten Größen eingesetzten Werte enthält Tab. 4. Die angenommenen Beschaffungpreise für die Werkzeuge sowie die Lohn- und Maschinenkosten stellen Durchschnittswerte dar. Der Verlauf der angegebenen Kostenkurve ist daher nur als Richtwert zu betrachten.

Tab. 4 Wirtschaftlichkeitsrechnung für das Drehen von Sphäroguß

Formelzeichen	Dimension	Konstante Größen	Erläuterung
a_1	mm	2 ÷ 3	Schnittiefe
a_2	mm	1	
d	mm	100	Durchmesser des Werkstückes
K_f	DM	–	Fertigungskosten je Werkstück
K_l	DM	–	Fertigungslohnkosten je Werkstück
K_W	DM	–	Anteilige Werkzeugkosten
g_D	%	250	Gemeinkostenfaktor der Dreherei
l	mm	200	Bearbeitungslänge
L_D	DM	3,30	Stundenlohn des Drehers
n_s	–	15	Zahl der möglichen Nachschliffe einer Hartmetallplatte der Form A 20
n_{Sp}	–	20	Anzahl der Werkzeugstandzeiten, für die ein Spanbrecher verwendet werden kann
n_H	–	200	Anzahl der Standzeiten, für deren Dauer ein Klemmhalter verwendet werden kann
n_K	–	6	Anzahl der Schneidkanten der Wendeplatte
n_{wT}	–	–	Zahl der Werkstücke pro Standzeit
s	mm/U	0,315	Vorschub
T	min	–	Standzeit des Werkzeuges pro angeschliffene Schneidkante
t_h	min	–	Hauptzeit je Werkstück
t_{wa}	min	3	Werkzeugwechselzeit
t_{ws}	min	0,7	Werkstückwechselzeit
v_0	m/min	–	kostengünstigste Schnittgeschwindigkeit
W_s	DM	1,–	Kosten je Nachschliff des Werkzeuges
W_a	DM	16,70	Beschaffungskosten eines Drehmeißels nach DIN 4971 mit einer Hartmetallplatte der Form A 20
W_{aH}	DM	36,–	Beschaffungskosten eines Klemmhalters
W_{aP}	DM	4,25	Beschaffungskosten einer Hartmetallklemmplatte
		8,50	Beschaffungskosten einer Keramikklemmplatte
W_{aS}	DM	6,–	Beschaffungskosten eines Spanbrechers
W_u	DM	0	Wert des Werkzeuges nach dem letzten Anschliff

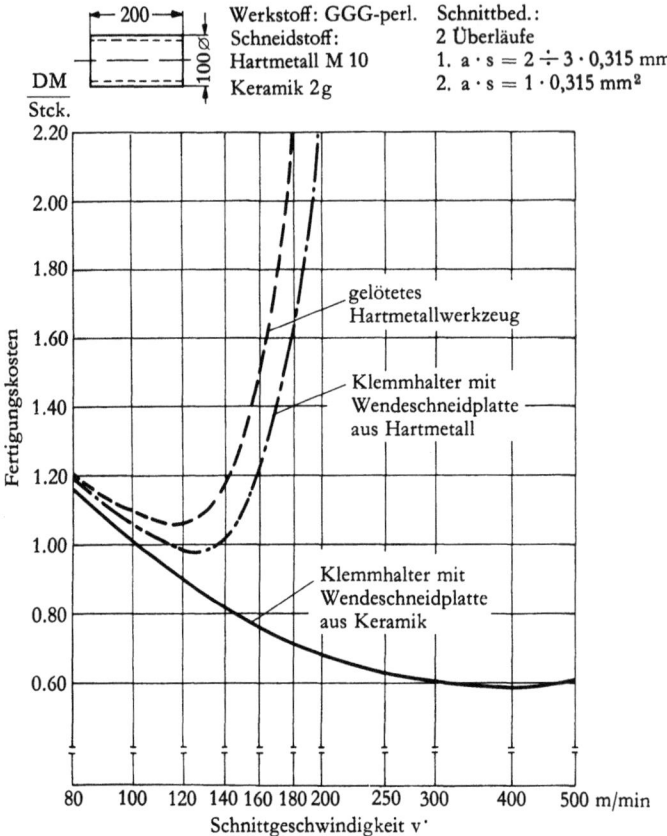

Abb. 17 Vergleich der Fertigungskosten für die Bearbeitung von perlitischem Sphäroguß mit Hartmetall- und Keramikwerkzeugen

In Abb. 17 sind die Fertigungskosten (K_f), die beim Bearbeiten des angegebenen Werkstückes unter Verwendung der drei verschiedenen Werkzeuge anfallen, in Abhängigkeit von der Schnittgeschwindigkeit aufgetragen. Die Fertigungskosten setzen sich zusammen aus den zeitproportionalen Kosten (K_Z), d. h. den Lohn- und Maschinenkosten, und den Werkzeugbeschaffungs- und -aufbereitungskosten (K_W). Mit größer werdender Schnittgeschwindigkeit nehmen die Fertigungskosten zunächst sowohl für die Hartmetall- als auch für die Keramikwerkzeuge ab, bis bei sehr kleinen Werkzeugstandzeiten durch die Werkzeugkosten ein Wiederanstieg der Kurve bewirkt wird. Der Kostenvergleich zeigt, daß beim Einsatz von Schneidkeramik die geringsten Kosten anfallen. Als kostenbegünstigste Schnittgeschwindigkeit v_0 ergibt sich unter den hier vorausgesetzten Bedingungen für das gelötete Hartmetallwerkzeug eine Schnittgeschwindigkeit von 115 m/min und für das geklemmte Hartmetallwerkzeug 128 m/min. Bei der Schneidkeramik liegt die kostengünstigste Schnittgeschwindigkeit bei etwa 400 m/min. Die Anwendung derartig hoher Schnittgeschwindigkeiten ist in den meisten Fällen zwar nicht möglich; wie der Kurvenverlauf zeigt, können jedoch auch bei niedrigen Geschwindigkeiten durch die Verwendung keramischer Werkzeuge Kostenvorteile erreicht werden. Bei einer Gegenüberstellung der Kosten bei einer Schnittgeschwindigkeit von 140 m/min erhält man folgendes Bild:

Tab. 5 Vergleich der Bearbeitungskosten für Hartmetall- und Keramikwerkzeuge beim Bearbeiten von Gußeisen mit Kugelgraphit bei v = 140 m/min

Kosten / Stück	Werkzeug		gelöteter Hartmetalldrehmeißel	Klemmhalter mit Wendeschneidplatte aus Hartmetall	Klemmhalter mit Wendeschneidplatte aus Schneidkeramik
K_f		DM	1,17	1,03	0,82
		%	100	88	70
K_z		DM	0,84	0,84	0,76
		%	100	100	90,5
K_{wa}		DM	0,33	0,19	0,06
		%	100	57,5	18,2

Wie die Aufstellung zeigt, können in dem angenommenen Bearbeitungsfall die Fertigungskosten durch den Einsatz keramischer Werkzeuge bei gleicher Schnittgeschwindigkeit, bedingt durch die größeren Standzeiten und geringeren Werkzeugkosten, um 30 bzw. 18% gesenkt werden.

9. Zusammenfassung

Untersuchungen an einer Reihe verschiedener Keramiksorten haben gezeigt, daß durch den Einsatz von keramischen Werkzeugen im glatten Schnitt eine wesentliche Steigerung der Schneidleistung möglich ist. Besonders bei der Bearbeitung von Gußeisen konnten gute Erfolge erzielt werden. Die Verschleißfestigkeit der untersuchten Qualitäten erwies sich als ziemlich gleichmäßig. Schneidenausbrüche traten nur sehr selten auf. Die größten Standzeitverbesserungen ergaben sich bei mittleren Spanquerschnitten und Geschwindigkeiten von 100 bis 250 m/min.

In Fräsversuchen mit keramischen Werkzeugen an Grauguß GG 26 konnte gezeigt werden, daß der Einsatz von Schneidkeramik im unterbrochenen Schnitt unter Anwendung einer geeigneten Schneidengeometrie möglich ist. Ein erster Versuch der Stahlbearbeitung im unterbrochenen Schnitt konnte Hinweise für die Auswahl günstiger Bearbeitungsbedingungen geben. Da beim Fräsen im Gegensatz zum Drehen häufiger Schneidkantenausbrüche festgestellt wurden, ist der Einsatz von keramischen Werkzeugen beim Fräsen zunächst nur bedingt zu empfehlen.

Untersuchungen beim Feindrehen mit keramischen Werkzeugen haben ergeben, daß etwa die gleichen Oberflächengüten beim Arbeiten mit Hartmetallwerkzeugen erzielt werden können. Die Standzeiten der neueren Keramiksorten waren dagegen größer als die von vergleichbarem Hartmetall. Eine Einteilung der vorliegenden Keramiksorten in Zerspanungsanwendungsgruppen wie bei Hartmetallwerkzeugen läßt sich bisher nicht durchführen. Auf Grund der chemischen Zusammensetzung lassen sich zwei Arten unterscheiden: die Oxydkeramik, die aus nahezu reinem Aluminiumoxyd besteht, und die Karbidkeramik mit Zusätzen von Metallkarbiden. Eine Beurteilung der Verschleißeigenschaften mit Hilfe von Gefügeuntersuchungen oder auf Grund des spezifischen Gewichtes scheint nach den bisherigen Ergebnissen nicht ohne weiteres möglich zu sein.

Temperaturmessungen beim Drehen von Stahl mit Keramik ergaben Temperaturen bis fast 1000°C an der Spanunterseite im Bereich der Kontaktzone auf der Spanfläche.

Ein Kostenvergleich zwischen gelöteten und geklemmten Hartmetallwerkzeugen sowie geklemmten Keramikwerkzeugen beim Drehen von Grauguß mit Kugelgraphit zeigte, daß mit Hilfe der Schneidkeramik eine beträchtliche Senkung der Fertigungskosten erreicht werden kann. Dabei ist jedoch eine sorgfältige Handhabung der Werkzeuge von großer Wichtigkeit, da durch häufige Schneidkantenausbrüche die Wirtschaftlichkeit ungünstig beeinflußt wird.

Abschließend ist festzustellen, daß die Anwendung der Schneidkeramik zwar nur auf bestimmte Bearbeitungsverfahren und Bearbeitungsoperationen beschränkt bleiben wird; im Rahmen der spanenden Bearbeitung stellt die Schneidkeramik jedoch eine wertvolle Ergänzung der bisher bekannten Schneidstoffe dar.

Prof. Dr.-Ing. Dr. h. c. HERWART OPITZ
Dr.-Ing. PAUL BRAMMERTZ
Dipl.-Ing. KARL FRIEDRICH MEYER

Literaturverzeichnis

[1] AGTE, C., Neuentwicklung von Oxyd-Karbid-Schneidstoffen in der DDR. Fertigungstechnik und Betrieb, 10 (1960).

[2] AGTE, C., R. KOHLERMANN und E. HEYMEL, Schneidkeramik. Akademie-Verlag (1959).

[3] ALTENWERTH, F., Warum Schneidkeramik und wann erfolgt zweckmäßig ihr Einsatz? Werkstatt und Betrieb, 93 (1960).

[4] BLANPAIN, E., Keramikwerkzeuge. Hanser-Verlag (1959).

[5] DORNHÖFER, Feindrehen mit oxydkeramischen Werkzeugen auf schweren VDF-Drehbänken. VDF-Mitteilungen Nr. 21 (1960).

[6] FLECK, R., und M. GAPPISCH, Gefüge- und Standzeitverhalten keramischer Schneidstoffe. Industrie-Anzeiger (1958).

[7] KAMISKE, G., Untersuchungen an keramischen Drehwerkzeugen. Dissertation, T. H. Braunschweig (1961).

[8] KIEFFER, R., und P. SCHWARZKOPF, Hartstoffe und Hartmetalle. Springer-Verlag, Wien (1953).

[9] KLINGLER, A., Oxydkeramische Schneidwerkzeuge. Industrielle Organisation, Bd. 9 (1959).

[10] KÖLBL, F., Kann die Schneidkeramik das Hartmetall ersetzen? Maschinenwelt und Elektrotechnik, XIII (1958).

[11] OPITZ, H., H. SIEBEL und R. FLECK, Keramische Schneidstoffe. Forschungsbericht Nr. 764 des Landes Nordrhein-Westfalen.

[12] PAHLITZSCH, G., und G. KAMISKE, Untersuchungen und Vergleich von keramischen Drehwerkzeugen verschiedener Herkunft und Zusammensetzung. Werkstatt und Betrieb, 93 (1960).

[13] Dies., Über das Verhalten keramischer Werkzeuge beim Drehen. Werkstatt und Betrieb, 94 (1961).

[14] PAHLITZSCH, G., und D. SEMMLER, Feindrehen von Stahl mit oxydkeramischen Werkzeugen. Zeitschrift für wirtschaftliche Fertigung, 55 (1960); 56 (1961).

[15] PEKELHARING, A. J., A Story about the Cracking of Ceramic Tools when Cutting Steel. Tagung des C.I.R.P. Prag, (1961).

[16] PÜHLER, F., Oxydkeramik für spanabhebende Werkzeuge. Zeitschrift für wirtschaftliche Fertigung, 55 (1960).

[17] RANDHAHN, H. J., Weitere Fortschritte auf dem Gebiet der Oxyd-Karbid-Schneidkeramik und deren Anwendung. Industrie-Anzeiger, (1960).

[18] RUBEL, Drehen mit oxydkeramischen Schneidstoffen. VDF-Mitteilungen Nr. 21 (1960).

[19] SCHAUMANN, R., Forschungsergebnisse an keramischen Schneidplatten. Der Maschinenmarkt (1958).

[20] SCHMIDT, A. O., I. R. ROUBIK, I. HAM und B. F. VON TARKOVICH, Obtaining High Performance from Ceramics and Carbides. Tool Engineer (1960).
[21] STAUDINGER, H., Keramische Schneidstoffe. Werkstattstechnik, 50 (1960).
[22] VIEREGGE, G., Zerspanung der Eisenwerkstoffe. Verlag Stahleisen (1959).
[23] WEILL, R., L'usine nouvelle (1957).
[24] WITTHOFF, J., R. SCHAUMANN und H. SIEBEL, Die Hartmetallwerkzeuge in der spanabhebenden Formung. C. Hanser-Verlag, (1961.)

FORSCHUNGSBERICHTE
DES LANDES NORDRHEIN-WESTFALEN

Herausgegeben im Auftrage des Ministerpräsidenten Dr. Franz Meyers
von Staatssekretär Prof. Dr. h. c. Dr.-Ing. E. h. Leo Brandt

MASCHINENBAU

HEFT 45
Losenhausenwerk Düsseldorfer Maschinenbau AG, Düsseldorf
Untersuchungen von störenden Einflüssen auf die Lastgrenzenanzeige von Dauerschwingprüfmaschinen
1953, 36 Seiten, 11 Abb., 3 Tabellen, DM 7,25

HEFT 77
Meteor Apparatebau Paul Schmeck GmbH, Siegen
Entwicklung von Leuchtstoffröhren hoher Leistung
1954, 46 Seiten, 12 Abb., 2 Tabellen, DM 9,15

HEFT 100
Prof. Dr.-Ing. H. Opitz, Aachen
Untersuchungen von elektrischen Antrieben, Steuerungen und Regelungen an Werkzeugmaschinen
1955, 166 Seiten, 71 Abb., 3 Tabellen, DM 31,30

HEFT 136
Dipl.-Phys. P. Pilz, Remscheid
Über spezielle Probleme der Zerkleinerungstechnik von Weichstoffen
1955, 58 Seiten, 19 Abb., 2 Tabellen, DM 11,50

HEFT 147
Dr.-Ing. W. Rudisch, Unna
Untersuchung einer drehelastischen Elektromagnet-Synchronkupplung
1955, 82 Seiten, 65 Abb., DM 17,70

HEFT 183
Dr. W. Bornheim, Köln
Entwicklungsarbeiten an Flaschen- und Ampullen-Behandlungsmaschinen für die pharmazeutische Industrie
1956, 48 Seiten, 24 Abb., DM 11,70

HEFT 212
Dipl.-Ing. H. Spodig, Selm
Untersuchung zur Anwendung der Dauermagnete in der Technik
1955, 44 Seiten, 25 Abb., DM 9,80

HEFT 295
Prof. Dr.-Ing. H. Opitz und Dipl.-Ing. H. Axer, Aachen
Untersuchung und Weiterentwicklung neuartiger elektrischer Bearbeitungsverfahren
1956, 42 Seiten, 27 Abb., DM 10,30

HEFT 298
Prof. Dr.-Ing. E. Oehler, Aachen
Untersuchung von kritischen Drehzahlen, die durch Kreiselmomente verursacht werden
1956, 50 Seiten, 35 Abb., DM 13,15

HEFT 384
Prof. Dr.-Ing. H. Opitz, Aachen
Schwingungsuntersuchungen an Werkzeugmaschinen
1958, 66 Seiten, 73 Abb., DM 20,40

HEFT 412
Prof. Dr.-Ing. H. Opitz, Aachen
Kennwerte und Leistungsbedarf für Werkzeugmaschinengetriebe
1958, 72 Seiten, 35 Abb., DM 17,20

HEFT 506
Prof. Dr.-Ing. W. Meyer zur Capellen, Aachen
Der Flächeninhalt von Koppelkurven. Ein Beitrag zu ihrem Formenwandel
1958, 74 Seiten, 26 Abb., DM 21,50

HEFT 533
Prof. Dr.-Ing. H. Opitz und Dipl.-Ing. W. Hölken, Aachen
Untersuchung von Ratterschwingungen an Drehbänken
1958, 70 Seiten, 44 Abb., 2 Tabellen, DM 19,70

HEFT 606
Oberbaurat Prof. Dr.-Ing. W. Meyer zur Capellen, Aachen
Eine Getriebegruppe mit stationärem Geschwindigkeitsverlauf
1958, 34 Seiten, 21 Abb., DM 10,50

HEFT 631
Dr. E. Wedekind, Krefeld
Der Einfluß der Automatisierung auf die Struktur der Maschinen- und Arbeiterzeiten am mehrstelligen Arbeitsplatz in der Textilindustrie
1958, 72 Seiten, 32 Abb., 8 Tabellen, DM 21,10

HEFT 667
Prof. Dr.-Ing. H. Opitz und Dipl.-Ing. H. de Jong, Aachen
Schwingungs- und Geräuschuntersuchungen an ortsfesten Getrieben
1959, 32 Seiten, 28 Abb., 2 Tabellen, DM 10,30

HEFT 668
Prof. Dr.-Ing. H. Opitz, Dipl.-Ing. G. Ostermann und Dipl.-Ing. M. Gappisch, Aachen
Beobachtungen über den Verschleiß an Hartmetallwerkzeugen
1958, 38 Seiten, 26 Abb., DM 12,—

HEFT 669
Prof. Dr.-Ing. H. Opitz, Dipl.-Ing. H. Uhrmeister und Dipl.-Ing. K. Jüstel, Aachen
Aufbau und Wirkungsweise einer Magnetbandsteuerung
1958, 50 Seiten, 39 Abb., DM 15,—

HEFT 670
Prof. Dr.-Ing. H. Opitz und Dipl.-Ing. W. Backé, Aachen
Untersuchung von Kopiersteuerungen
1959, 70 Seiten, 54 Abb., DM 18,80

HEFT 671
Prof. Dr.-Ing. H. Opitz, Dr.-Ing. R. Piekenbrink und Dipl.-Ing. K. Honrath, Aachen
Untersuchungen an Werkzeugmaschinenelementen
1959, 70 Seiten, 71 Abb., DM 20,—

HEFT 672
Prof. Dr.-Ing. H. Opitz, Dipl.-Ing. H. Heiermann und Dipl.-Ing. B. Rupprecht, Aachen
Untersuchungen beim Innenrundschleifen
1959, 34 Seiten, 50 Abb., DM 11,50

HEFT 673
Prof. Dr.-Ing. H. Opitz, Dipl.-Ing. H. Obrig und Dipl.-Ing. K. Ganser, Aachen
Die Bearbeitung von Werkzeugstoffen durch funkenerosives Senken
1959, 60 Seiten, 41 Abb., 1 Tabelle, DM 18,—

HEFT 676
Prof. Dr.-Ing. W. Meyer zur Capellen, Aachen
Harmonische Analyse bei Kurbeltrieben.
I. Allgemeine Zusammenhänge
1959, 38 Seiten, 10 Abb., DM 11,50

HEFT 695
Dr.-Ing. W. Herding, München
Die Fahrdynamik und das Arbeitsspiel gleisloser Erdbaugeräte als Kalkulationsgrundlage für die Bodenförderung und ihre Kosten
1960, 178 Seiten, 89 Abb., 18 Tabellen, DM 49,—

HEFT 718
Prof. Dr.-Ing. W. Meyer zur Capellen, Aachen
Die geschränkte Kurbelschleife
I. Die Bewegungsverhältnisse
1959, 110 Seiten, 54 Abb., DM 29,20

HEFT 764
Prof. Dr.-Ing. H. Opitz, Dr.-Ing. H. Siebel und Dipl.-Ing. R. Fleck, Aachen
Keramische Schneidstoffe
1959, 30 Seiten, 18 Abb., DM 9,80

HEFT 772
Prof. Dr.-Ing. W. Meyer zur Capellen, Aachen
Nomogramme zur geneigten Sinuslinie
1959, 28 Seiten, 11 Abb., DM 8,50

HEFT 775
Prof. Dr.-Ing. H. Opitz, Aachen
Automatische Erfassung der Maßabweichung der Werkstücke zum Zweck der selbständigen Korrektur der Maschine
1959, 38 Seiten, 27 Abb., DM 11,40

HEFT 777
Prof. Dr.-Ing. H. Opitz und Dipl.-Ing. P.-H. Brammertz, Aachen
Werkstückgüte und Fertigkeitskosten beim Innen-Feindrehen und Außenrund-Einsteckschleifen
1959, 92 Seiten, 68 Abb., DM 25,30

HEFT 788
Prof. Dr.-Ing. H. Opitz, Aachen
Der Einsatz radioaktiver Isotope bei Zerspanungsuntersuchungen
1959, 36 Seiten, 23 Abb., DM 11,30

HEFT 794
Dipl.-Ing. Reinhard Wilken, Düsseldorf
Das Biegen von Innenborden mit Stempeln
1959, 82 Seiten, DM 22,40

HEFT 801
Baurat Dipl.-Ing. Gesell, Duisburg
Ersatz von Quarzsand als Strahlmittel
1960, 66 Seiten, 12 Abb., 4 Tabellen, 17 Diagramme, DM 18,90

HEFT 803
Prof. Dr.-Ing. W. Meyer zur Capellen und Dipl.-Ing. E. Lenk, Aachen
Harmonische Analyse bei Kurbeltrieben. Teil II: Gleichschenklige Getriebe
1960, 69 Seiten, 15 Abb., DM 18,40

HEFT 804
Prof. Dr.-Ing. W. Meyer zur Capellen und Dipl.-Ing. W. Rath, Aachen
Die geschränkte Kurbelschleife. Teil II: Die Harmonische Analyse
1960, 66 Seiten, 14 Abb., DM 18,90

HEFT 806
Prof. Dr.-Ing. H. Opitz u. a., Aachen
Untersuchungen von Zahnradgetrieben und Zahnradbearbeitungsmaschinen
1960, 95 Seiten, 81 Abb., DM 29,30

HEFT 809
Prof. Dr.-Ing. H. Opitz und Dipl.-Ing. H. H. Herold, Aachen
Untersuchung von elektro-mechanischen Schaltelementen
1960, 35 Seiten, 16 Abb., DM 11,—

HEFT 810
Prof. Dr.-Ing. H. Opitz und Dr.-Ing. N. Maas, Aachen
Das dynamische Verhalten von Lastschaltgetrieben
1960, 97 Seiten, 77 Abb., DM 29,50

HEFT 811
Prof. Dr.-Ing. H. Opitz und Dipl.-Ing. H. Bürklin, Aachen, Fa. Schoppe & Faeser, Minden, bearbeitet im Auftrage des Forschungsinstitutes für Rationalisierung in Aachen
Über Weggeber für automatisch gesteuerte Arbeitsmaschinen
1960, 93 Seiten, 79 Abb., DM 27,70

HEFT 820
Prof. Dr.-Ing. H. Opitz, Dipl.-Ing. H. Rohde und Dipl.-Ing. W. König, Aachen
Untersuchungen der Spanformung durch Spanbrecher beim Drehen mit Hartmetallwerkzeugen
1960, 35 Seiten, 16 Abb., DM 15,80

HEFT 830
Prof. Dr.-Ing. H. Opitz und Dipl.-Ing. W. Backé, Aachen
Automatisierung des Arbeitsablaufes in der spanabhebenden Fertigung
1960, 43 Seiten, 39 Abb., DM 14,60

HEFT 831
Prof. Dr.-Ing. H. Opitz, Dr.-Ing. H.-G. Rohs und Dr.-Ing. G. Stute, Aachen
Statistische Untersuchungen über die Ausnutzung von Werkzeugmaschinen in der Einzel- und Massenfertigung
1960, 38 Seiten, 32 Abb., DM 13,—

HEFT 835
Prof. Dr.-Ing. Walther Meyer zur Capellen, Lehrstuhl für Getriebelehre an der Technischen Hochschule, Aachen
Die harmonische Analyse von zykloidengesteuerten Schleifen
1961, 58 Seiten, DM 20,90

HEFT 864
Prof. Dr.-Ing. H. Opitz, Aachen
Funkenarbeit und Bearbeitungsergebnis bei der funkenerosiven Bearbeitung
1960, 44 Seiten, 19 Abb., DM 13,10

HEFT 873
Prof. Dr.-Ing. W. Meyer zur Capellen und Dipl.-Ing. W. Rath, Aachen
Kinematik der sphärischen Schubkurbel
1960, 38 Seiten, 13 Abb., DM 11,20

HEFT 887
Baurat Dipl.-Ing. W. Gesell, Duisburg
Arbeiten mit Preß-Formmaschinen unter Normal-Bedingungen und bei hohen spezifischen Preßdrucken
1960, 140 Seiten, 108 Abb., 11 Tabellen, DM 42,—

HEFT 898
Prof. Dr.-Ing. H. Opitz und H. de Jong, Aachen
Untersuchung von Zahnradgetrieben und Zahnradbearbeitungsmaschinen in Zusammenarbeit mit der Industrie
1960, 58 Seiten, 52 Abb., DM 19,20

HEFT 900
Prof. Dr.-Ing. H. Opitz und Dr.-Ing. J. Bielefeld, Aachen
Automatisierung der Werkzeugmaschinen für die spanabhebende Bearbeitung
1960, 74 Seiten, 55 Abb., DM 21,—

HEFT 901
Prof. Dr.-Ing. H. Opitz, Dr.-Ing. J. Bielefeld und Dipl.-Ing. W. Kalkert, Aachen
Lebensdauerprüfung von Zahnradgetrieben
1960, 54 Seiten, 46 Abb., DM 17,30

HEFT 908
Dr.-Ing. W. Dettmering, Institut für Turbomaschinen der Technischen Hochschule Aachen
Experimentelle Untersuchungen an einer axialen Turbinenstufe
1960, 180 Seiten, 116 Abb., 16 Tabellen, DM 50,80

HEFT 914
Baurat Dipl.-Ing. Waldemar Gesell, Staatl. Ingenieurschule für Maschinenwesen, Duisburg
Zu Fragen der Strahlmittelprüfung
1961, 188 Seiten, 78 Abb., DM 49,—

HEFT 923
Prof. Dr.-Ing. W. Meyer zur Capellen und Dipl.-Ing. Karl-Albert Rischen, Lehrstuhl für Getriebelehre der Technischen Hochschule Aachen
Lagenzuordnungen an ebenen Viergelenkgetrieben in analytischer Darstellung. Eine Maßsynthese
1961, 84 Seiten, 29 Abb., DM 23,20

HEFT 928
Prof. Dr.-Ing. Herwart Opitz, Dipl.-Ing. Helmut Rohde und Dipl.-Ing. Wilfried König, Laboratorium für Werkzeugmaschinen und Betriebslehre an der Technischen Hochschule Aachen
Untersuchung des Räumvorganges
1961, 116 Seiten, 90 Abb., DM 36,10

HEFT 929
Prof. Dr.-Ing. Herwart Opitz, Laboratorium für Werkzeugmaschinen und Betriebslehre an der Technischen Hochschule Aachen
Richtwerte für das Fräsen von unlegierten und legierten Baustählen mit Hartmetall. — Teil III
1961, 64 Seiten, 57 Abb., 7 Tabellen, DM 21,30

HEFT 930
Prof. Dr.-Ing. Herwart Opitz und Dipl.-Ing. Rolf Umbach, Laboratorium für Werkzeugmaschinen und Betriebslehre an der Technischen Hochschule Aachen
Modellversuch zur dynamischen Versteifung von Werkzeugmaschinen durch Ankopplung gedämpfter Hilfsmassensysteme
1961, 18 Seiten, 30 Abb., DM 13,30

HEFT 931
Dipl.-Ing. H. G. Rachner, Institut für Maschinengestaltung und Maschinendynamik der Technischen Hochschule Aachen
Ein Beitrag zur Frage der Kettenradverzahnung
1961, 64 Seiten, 55 Abb., 2 Tabellen, DM 19,30

HEFT 943
Dipl.-Ing. H. G. Rachner, Institut für Maschinengestaltung und Maschinendynamik der Technischen Hochschule Aachen
Die Drehschwingungen des Zweirad-Kettengetriebes bei innerer Erregung
1961, 98 Seiten, 68 Abb., DM 30,—

HEFT 949
Prof. Dr.-Ing. K. Leist †, Dipl.-Ing. Dieter Stojek und Dipl.-Ing. Manfred Pötke, Institut für Turbomaschinen der Technischen Hochschule Aachen
Verbesserung der Wirtschaftlichkeit von Gasturbinen durch Zwischenverbrennung innerhalb der Turbine und Versuche zu ihrer Verwirklichung
1961, 80 Seiten, 40 Abb., DM 30,10

HEFT 950
Prof. Dr.-Ing. K. Leist † und Dipl.-Ing. Oswald Thun, Institut für Turbomaschinen der Technischen Hochschule Aachen
Strömungsmessungen zur Ermittlung von Brennkammer-Ausbrenngraden
1961, 66 Seiten, 33 Abb., 6 Tabellen, DM 19,90

HEFT 951
Prof. Dr.-Ing. K. Leist † und Dipl.-Ing. Oswald Thun, Institut für Turbomaschinen der Technischen Hochschule Aachen
Meßmethode bei Brennkammeruntersuchungen zur Ermittlung des Ausbrenngrades
1961, 64 Seiten, 10 Abb., 2 Tabellen, DM 19,20

HEFT 953
Prof. Dr.-Ing. K. Leist † und Dipl.-Ing. Heinrich Ostenrath, Institut für Turbomaschinen der Technischen Hochschule Aachen
Betriebsverhalten einer Versuchsgasturbine kleiner Leistung
1961, 44 Seiten, 35 Abb., 2 Anlagen, DM 15,30

HEFT 955
Prof. Dr.-Ing. H. Opitz und Dipl.-Ing. H. Uhrmeister, Laboratorium für Werkzeugmaschinen und Betriebslehre der Technischen Hochschule Aachen
Die dynamischen Eigenschaften hydraulischer Vorschubmotoren für Werkzeugmaschinen
1961, 60 Seiten, 66 Abb., DM 20,—

HEFT 977
Dr.-Ing. Gottfried Kronenberger, Institut für Baumaschinen und Baubetrieb der Technischen Hochschule Aachen
Verdichtungswirkung und Arbeitsverhalten eines Einmassenrüttlers auf Schotter und Kiessand zur Ermittlung der maßgeblichen Einflußgrößen bei der Rüttelverdichtung
1961, 96 Seiten, 17 Tafeln, 7 Tabellen, 36 Abb., DM 27,70

HEFT 981
Dr.-Ing. Werner Wilhelm, Aerodynamisches Institut der Technischen Hochschule Aachen
Berechnung des Gaswechsels kurbelkastengespülter Zweitaktmotoren unter Berücksichtigung des Einflusses der Massenwirkung der strömenden Gassäule in den Spülkanälen
1961, 58 Seiten, 6 Abb., DM 19,20

HEFT 982
Dr.-Ing. Werner Wilhelm, Aerodynamisches Institut der Technischen Hochschule Aachen
Die Wirkung von Auspuffrohren mit Blenden am Rohrende sowie diffusorartiger Auspuffleistungen auf den Ladungswechsel einer Einzylinder-Zweitakt-Vergasermaschine mit Kurbelkastenspülpumpe
1961, 61 Seiten, 24 Abb., 1 Tabelle, DM 19,10

HEFT 983
Prof. Dr.-Ing. Paul Hadlatsch †, Aerodynamisches Institut der Technischen Hochschule Aachen
Berechnung der Druckwellen in Brennstoffeinspritzsystemen und in hydraulischen Ventilsteuerungen
1961, 108 Seiten, 31 Abb., DM 33,90

HEFT 986
Dr.-Ing. Jameel Ahmad Khan, Aerodynamisches Institut der Technischen Hochschule Aachen
Untersuchungen zur instationären Strömung durch unstetige Querschnittsänderungen in Druckleitungen von Einspritzsystemen
1961, 76 Seiten, DM 28,60

HEFT 987
Dr.-Ing. Wilhelm Bosch, Aerodynamisches Institut der Technischen Hochschule Aachen
Untersuchungen zur instationären reibenden Strömung in Druckleitungen von Einspritzsystemen
1961, 56 Seiten, 37 Abb., DM 20,—

HEFT 988
Dr.-Ing. Werner Wilhelm und Dipl.-Ing. Rudolf Jürgler, Aerodynamisches Institut der Technischen Hochschule Aachen
Nichtstationäre, eindimensionale und reibungsfreie Gasströmung schwach kompressibler Medien in Rohren mit einigen unstetigen Querschnittsänderungen
1961, 70 Seiten, 17 Abb., DM 21,50

HEFT 989
Dr.-Ing. Werner Wilhelm, Aerodynamisches Institut der Technischen Hochschule Aachen
Einfluß der Spülkanalabmessungen auf den Ladungswechsel kurbelkastengespülter Zweitaktmotoren
1961, 99 Seiten, 37 Abb., DM 35,30

HEFT 1006
Prof. Dr.-Ing. Walther Meyer zur Capellen, Lehrstuhl für Getriebelehre der Rhein.-Westf. Technischen Hochschule, Aachen
Bewegungsverhältnisse an gleichschenkligen Kurbeltrieben
1962, 72 Seiten, 49 Abb., DM 25,—

HEFT 1007
Prof. Dr.-Ing. H. Opitz, Dr.-Ing. Gottfried Stute, Laboratorium für Werkzeugmaschinen und Betriebslehre der Technischen Hochschule Aachen
Untersuchung über den Einsatz der funkenerosiven Bearbeitung im Werkzeugbau
1961, 44 Seiten, 9 Abb., DM 14,80

HEFT 1008
Prof. Dr.-Ing. H. Opitz, Dr.-Ing. P.-H. Brammertz, Laboratorium für Werkzeugmaschinen und Betriebslehre der Technischen Hochschule Aachen
Untersuchung der Ursachen für Form- und Maßfehler bei der Feinbearbeitung
1961, 44 Seiten, 32 Abb., DM 15,20

HEFT 1011
Prof. Dr.-Ing. H. Opitz, Dr.-Ing. Günter Ostermann, Laboratorium für Werkzeugmaschinen und Betriebslehre der Technischen Hochschule Aachen
Untersuchung der Ursache des Werkzeugverschleißes
1961, 64 Seiten, 37 Abb., 2 Tabellen, DM 23,90

HEFT 1015
Prof. Dr.-Ing. Walther Meyer zur Capellen, Lehrstuhl für Getriebelehre der Rhein.-Westf. Technischen Hochschule, Aachen
Biegungs- und Lagerschwingungen in Kurbeltrieben
1962, 54 Seiten, 30 Abb., 2 Tabellen, DM 19,20

HEFT 1035
Dr.-Ing. Walter Rath, Lehrstuhl für Getriebelehre an der Technischen Hochschule Aachen
Massenkräfte in den Lagern sphärischer Getriebe
1961, 82 Seiten, 40 Abb., DM 27,30

HEFT 1062
Dr.-Ing. H. Pfeiffer, Aerodynamisches Institut der Technischen Hochschule Aachen
Strömungsuntersuchungen an Kreiszylindern bei hohen Geschwindigkeiten
1962, 74 Seiten, 53 Abb., DM 26,—

HEFT 1065
Baurat Dipl.-Ing. W. Gesell, Staatl. Ingenieurschule f. Maschinenwesen, Duisburg
Beitrag über den Einfluß von Kornform und Körnung auf die Wirkungsweise von Strahlenmitteln
1962, 212 Seiten, 116 Abb., 21 Tabellen, DM 49,—

HEFT 1066
Prof. Dr.-Ing. W. Meyer zur Capellen und Dipl.-Ing. K. A. Rischen, Lehrstuhl für Getriebelehre der Rhein.-Westf. Technischen Hochschule Aachen
Symmetrische Koppelkurven und ihre Anwendung
1962, 90 Seiten, DM 29,—

HEFT 1070
Prof. Dr.-Ing. H. Opitz und Dipl.-Ing. H. Herold, Laboratorium für Werkzeugmaschinen und Betriebslehre der Rhein.-Westf. Technischen Hochschule Aachen
Elektromechanische Kopiersteuerungen
1962, 102 Seiten, DM 33,90

HEFT 1080
Prof. Dr.-Ing. Ludolf Engel, Institut für Maschinenwesen und Elektrotechnik der Bergakademie Clausthal
Theorie der handgeführten schlagenden Druckluftwerkzeuge und experimentelle Untersuchungen insbesondere an Abbauhämmern im normalen und abnormalen Betrieb
1962, 86 Seiten, 53 Abb., 4 Tabellen, DM 39,—

HEFT 1097
Prof. Dr.-Ing. Walther Meyer zur Capellen, Lehrstuhl für Getriebelehre der Rhein.-Westf. Technischen Hochschule Aachen
Verschleiß- und Schnittkraftuntersuchungen bei der Zahnradbearbeitung
1962, 40 Seiten, 34 Abb., DM 22,50

HEFT 1127
Prof. Dr.-Ing. Karl Leist †, Dr.-Ing. Heinz J. Oellers, Institut für Turbomaschinen der Technischen Hochschule Aachen
Beitrag zur Berechnung der inkompressiblen Unterschallströmung in ebenen Profilgittern auf elektrischen Digitalrechnern
In Vorbereitung

HEFT 1128
Prof. Dr.-Ing. Karl Leist †, H. G. Wiening, Institut für Turbomaschinen der Technischen Hochschule Aachen
Enzyklopädie ausgeführter Strahltriebwerke
Teil I
Teil II
Teil III *In Vorbereitung*

HEFT 1135
Prof. Dr.-Ing. Walther Meyer zur Capellen, Lehrstuhl für Getriebelehre der Rhein.-Westf. Technischen Hochschule Aachen
Konstruktion ebener Kurventriebe und vergleichende Analyse ihrer Bewegungsgesetze
In Vorbereitung

HEFT 1143
Dr.-Ing. Helmut Scheele, Institut für Turbomaschinen der Technischen Hochschule Aachen
Entwicklung einer Versuchsgasturbine zur Messung der Läufertemperaturen im Betrieb
In Vorbereitung

HEFT 1145
Prof. Dr.-Ing. Dr. h.c. Herwart Opitz, Dr.-Ing. H. W. Obrig, und Dr.-Ing. K. Ganser, Laboratorium für Werkzeugmaschinen und Betriebslehre der Technischen Hochschule Aachen
Funkenerosive Bearbeitung
Untersuchungen an Einflußgrößen bei der funkenerosiven Senkbearbeitung
In Vorbereitung

HEFT 1146
Prof. Dr.-Ing. Dr. h. c. H. Opitz, Dipl.-Ing. W. Lehwald, Laboratorium für Werkzeugmaschinen und Betriebslehre der Technischen Hochschule, Aachen
Untersuchungen über den Einsatz von Hartmetallen beim Fräsen
In Vorbereitung

HEFT 1147
Prof. Dr.-Ing. Dr. h. c. H. Opitz, Dr.-Ing. Paul Brammertz und Dipl.-Ing. Karl Friedrich Meyer, Laboratorium für Werkzeugmaschinen und Betriebslehre der Technischen Hochschule, Aachen
Untersuchungen an keramischen Schneidstoffen

HEFT 1148
Prof. Dr.-Ing. Dr. h. c. H. Opitz und Dozent Dr.-Ing. J. Peklenik, Laboratorium für Werkzeugmaschinen und Betriebslehre der Technischen Hochschule Aachen
Untersuchung an Meßsteuerungen
In Vorbereitung

HEFT 1150
Prof. Dr.-Ing. Dr. h. c. Herwart Opitz, Dr.-Ing. Paul Brammertz und Dr.-Ing. E. Kohlhage, Laboratorium für Werkzeugmaschinen und Betriebslehre der Technischen Hochschule Aachen
Untersuchungen zum Leistungsvergleich der Feinbearbeitungsverfahren
In Vorbereitung

HEFT 1182
*Prof. Dr.-Ing. A. Kuhlenkamp und
Dipl.-Ing. Ernst Reuter, Institut für Feinwerktechnik
und Regelungstechnik der Technischen Hochschule Braunschweig*
Entwicklung eines Drehmomenten-Meßgerätes
In Vorbereitung

HEFT 1245
*Prof. Dr.-Ing. Walther Meyer zur Capellen und
Dipl.-Ing. P. Danke, Lehrstuhl für Getriebelehre der
Technischen Hochschule Aachen*
Sechspunktige Kreisführungen durch das Gelenkviereck
In Vorbereitung

HEFT 1246
*Prof. Dr.-Ing. Dr. h. c. Herwarth Opitz, Laboratorium
für Werkzeugmaschinen und Betriebslehre der Technischen Hochschule Aachen*
Über die dynamische Stabilität hydraulischer Steuerungen unter Berücksichtigung der Strömungskräfte
In Vorbereitung

Ein Gesamtverzeichnis der Forschungsberichte, die folgende Gebiete umfassen, kann bei Bedarf vom Verlag angefordert werden:
Acetylen/Schweißtechnik – Arbeitswissenschaft – Bau/Steine/Erden – Bauwirtschaft – Bergbau – Biologie – Chemie – Eisenverarbeitende Industrie – Elektrotechnik/Optik – Energiewirtschaft – Fahrzeugbau/Gasmotoren – Farbe/Papier/Photographie – Fertigung – Funktechnik/Astronomie – Gaswirtschaft – Holzbearbeitung – Hüttenwesen/Werkstoffkunde – Kunststoffe – Luftfahrt/Flugwissenschaften – Luftreinhaltung – Maschinenbau – Mathematik – Medizin/Pharmakologie/NE-Metalle – Physik – Rationalisierung – Schall/Ultraschall – Schiffahrt – Textiltechnik/Faserforschung/Wäschereiforschung – Turbinen – Verkehr – Wirtschaftswissenschaft.

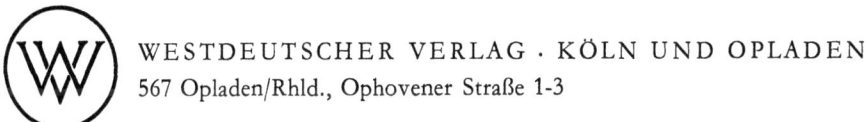

WESTDEUTSCHER VERLAG · KÖLN UND OPLADEN
567 Opladen/Rhld., Ophovener Straße 1-3

MIX
Papier aus verantwortungsvollen Quellen
Paper from responsible sources
FSC® C105338

If you have any concerns about our products,
you can contact us on
ProductSafety@springernature.com

In case Publisher is established outside the EU,
the EU authorized representative is:
Springer Nature Customer Service Center GmbH
Europaplatz 3, 69115 Heidelberg, Germany

Printed by Libri Plureos GmbH
in Hamburg, Germany